中等职业教育
计算机专业系列教材

数据库基础及应用

——Visual FoxPro操作基础及应用

（第三版）

张小毅　总主编

陈　策　主　编

张晓华　刘国纪　副主编

U0240396

重庆大学出版社

内容简介

　　Visual FoxPro 6.0 是 Microsoft 公司推出的 Visual FoxPro 系列版本之一,是以可视化方式开发数据库应用程序的有力工具,它使数据库管理更加方便,既满足了企业数据库开发的需要,也适合个人用户使用。

　　本书以数据处理流程为主线,将复杂的数据库理论转化为多个通俗易懂的任务,每个任务借助于 Visual FoxPro 这一开发工具来实现,最后汇总成一个大的综合实例——"班级管理系统"。

　　全书共分为 8 个模块,每个模块又细分为多个任务,每个任务以实例为引导,操作步骤清晰,有利于初学者比较系统地学习数据库的基础知识,掌握数据库管理系统的开发方法与过程,同时也可供其他计算机专业人员参考使用。

图书在版编目(CIP)数据

数据库基础及应用：Visual FoxPro 操作基础及应用/
陈策主编. -- 3 版. -- 重庆：重庆大学出版社, 2023.8(2025.1 重印)
中等职业教育计算机专业系列教材
ISBN 978-7-5624-3590-7

Ⅰ. ①数… Ⅱ. ①陈… Ⅲ. ①关系数据库系统—数据
库管理系统—中等专业学校—教材 Ⅳ. ①TP311.138

中国国家版本馆 CIP 数据核字(2023)第 130305 号

中等职业教育计算机专业系列教材
数据库基础及应用
——Visual FoxPro 操作基础及应用
(第三版)
总主编　张小毅
主　编　陈　策
副主编　张晓华　刘国纪
责任编辑:章　可　　版式设计:王　勇
责任校对:邹　忌　　责任印制:赵　晟
*
重庆大学出版社出版发行
出版人:陈晓阳
社址:重庆市沙坪坝区大学城西路 21 号
邮编:401331
电话:(023) 88617190　88617185(中小学)
传真:(023) 88617186　88617166
网址:http://www.cqup.com.cn
邮箱:fxk@cqup.com.cn(营销中心)
全国新华书店经销
重庆升光电力印务有限公司印刷
*
开本:787mm×1092mm　1/16　印张:14.25　字数:356 千
2023 年 8 月第 3 版　　2025 年 1 月第 45 次印刷
印数:194 501—198 500
ISBN 978-7-5624-3590-7　定价:39.00 元

序言 Xuyan

进入 21 世纪，随着计算机科学技术的普及和发展加快，社会各行业的建设和发展对计算机技术的要求越来越高，计算机已成为各行各业不可缺少的基本工具之一。在今天，计算机技术的使用和发展，对计算机技术人才的培养提出了更高的要求，为培养能够适应现代化建设需求的、能掌握计算机技术的高素质技能型人才，已成为职业教育人才培养的重要内容。

按照“以[illegible]向”的办学方向，根据国家教育部中等职业教育人才[illegible]社会行业对计算机技术操作型人才的需要，我们在[illegible]机应用型专业人才培养的基础上，重新对计算机专业[illegible]整，进一步突出专业教学内容的针对性和实效性，重视对学生计算机基础知识的教学和对计算机技术操作能力的培养，使培养出来的人才能真正满足社会行业的需要。为进一步提高教学的质量，我们专门组织了有丰富教学经验的教师和有实践经验的行业专家，重新编写了这套中等职业学校计算机专业教材。

本套教材编写采用了新的教育思想、教学观念，遵循的编写原则是：“拓宽基础、突出实用、注重发展”。为满足学生对计算机技术学习的需求，力求使教材突出以下几个主要特点：一是体现以学生为本，针对目前职业学校学生学习的实际情况，按照学生对专业知识和技能学习的要求，教材在编写中注意了语言表述的通俗，以任务驱动的方式组织教材内容，以服务学生为宗旨，突出学生对知识和技能学习的主体性；二是强调教材的互动性，根据学生对知识接受的过程特点，重视对学生探究能力的培养，教材编写采用了以活动为主线的方式进行，把学与教有机结合，增加学生的学习兴趣，让学生在教师的帮助下，通过对活动的学习而掌握计算机技术的知识和操作的能力；三是重视教材的“精、用、新”，根据各行各业对计算机技术使用的需要，在教材内容的选择上，做到“精选、实用、新颖”，特别注意反映计算机的新知识、新技术、新水平、新趋势的发展，使所学的计算机知识和技能与行业需要结合；四是编写的体例和栏目设置新颖，易受到中职学生的喜爱。这套教材实用性和操作性较强，能满足中

等职业学校计算机专业人才培养目标的要求,也能满足学生对计算机专业技术学习的不同需要。

为了便于组织教学,我们将根据计算机专业技术发展的要求和教学的实际需要,研究开发出与教材配套的有关教学资源材料供大家参考和使用,进一步提高教学的实效性。希望重新推出的这套教材能得到广大师生喜欢,为职业学校计算机专业的发展做出贡献。

中等职业学校计算机专业教材编写组

2005 年 7 月

前言 Qianyan

Visual FoxPro 6.0 是 Microsoft 公司推出的 Visual FoxPro 系列版本之一,作为桌面数据库管理系统的佼佼者,已经发展为系列产品,拥有众多的用户。该系统易学、易用、功能全面,支持面向对象的、可视化的程序设计,是一款集数据库管理和快速应用原型开发的理想工具,适合开发各类中小型信息管理系统。

本书以数据处理流程为主线,紧密围绕"班级管理系统"开发实例,内容安排由浅入深,循序渐进,有利于初学者比较系统地学习数据库的基础知识,掌握数据库管理系统的开发方法与过程。

本书具有如下 2 个显著特点:

一、知识模块化

考虑到初学者的接受能力,本书从实用、够用角度出发,精选了 Visual FoxPro 的精华内容,贯穿数据处理流程这一主线,将全书分为 8 个模块,分别是初识数据库、建立数据库、维护数据库、查询数据、输出数据、SQL 语言及应用、设计表单和综合设计。当读者系统学习这些知识模块后,就可以利用 VFP 来开发日常工作中各种各样的数据库管理软件。

二、操作任务化

全书面向实用,以一个完整的"班级管理系统"应用程序为引导,将每个模块中的相应知识按照应用程序要求细分为多个任务,每个任务的结构分为以下几个部分:

◇任务概述(明确提出本任务要学习的知识内容和要完成的具体操作,让学生带着任务学习知识,在具体操作中巩固知识)

◇任务(含想一想、做一做、注意、技巧、小结、知识链接等内容,对学生的学习起着指点、启发、诱导和温习的作用)

◇练习与思考(帮助学生思考、理解和消化本任务的知识点)

每个任务具体而明确,知识内容展示顺序合理,操作步骤清晰,当所有的任务上机实作后,就可以得到一个完整的"班级管理系统"应用程序,从而帮助学生达到举一反三、触类旁通的目的。模块与任务可以根据教学需要灵活组合，建议周学时6节，理论与实训课时之比2∶1，在条件许可情况下，可适当增加实训量。本书同时配有教案和教学指导，供教师教学参考，需要者可到重庆大学出版社的资源网站(www.cqup.com.cn)下载。

本书由陈策提出写作思路、编写大纲及写作要求，刘国纪编写1—3模块，张晓华编写4—8模块并完成统稿工作。

本书在编写过程中，得到了重庆市教育科学研究院、重庆市计算机中心教研组和重庆大学出版社的大力支持和帮助，在此一并致以衷心的感谢！限于编者水平，书中错误和不妥之处在所难免，恳请读者不吝指教。

邮箱:zxhwnp@sina.com

编 者

2023 年 7 月

目录 *mulu*

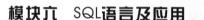

附 录

模块一 *Mokuaiyi*

初识数据库

Visual FoxPro 6.0 是关系型数据库管理系统,具有面向对象的可视化编程环境。为了让只会计算机基本操作而没有数据库专业知识的人员方便地完成数据处理,能用 Visual FoxPro 设计数据处理方面的应用程序,本教程通过设计一个班级管理系统软件,全面介绍 Visual FoxPro 的基础知识、基本操作以及可视化程序设计技术。

通过本模块的学习,应达到的具体目标如下:

☐ 了解班级管理系统的主要功能

☐ 了解数据库系统的一些基本概念

☐ 会收集、组织数据并规范为关系表

☐ 安装、启动和退出 Visual FoxPro 系统

☐ 认识 Visual FoxPro 系统的集成开发环境

☐ 了解命令的书写规则

任务一　使用班级管理系统

任务概述

班级管理系统是对某个教学班进行管理的一个小型应用软件,主要功能是对学生的基本情况和每学期的成绩进行录入、查询、更新、统计和打印输出等。

在本任务中,了解班级管理系统的主要功能及其操作方法。

1.安装班级管理系统

具体安装步骤如下:

①在磁盘上找到班级管理系统安装文件所存放的文件夹"WebSetup",内容如图1-1所示。(若无此文件夹,请到重庆大学出版社的资源网站上下载)

图 1-1

②双击 Setup.exe 之后开始安装文件,然后按照提示一步步操作即可。

③进入图1-2,选择班级管理系统的安装路径。默认安装到 C 盘的"班级管理系统"文件夹中,然后单击 按钮开始安装,直到完成为止。

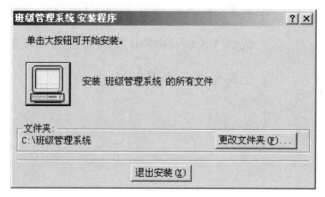

图 1-2

2.启动班级管理系统

具体步骤如下：

①打开"班级管理系统"文件夹，其内容如图1-3所示。

图1-3

②双击"班级管理系统"可执行文件，打开图1-4所示的密码输入窗口。

③在密码输入框中输入：12345678，然后回车，进入班级管理系统主界面，如图1-5所示。最多允许用户3次输入密码。

在班级管理系统的主窗口中，通过菜单操作即可实现相应的管理功能。

图1-4

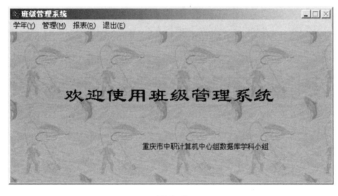

图1-5

图1-6

3.使用班级管理系统

（1）选择年级学期

单击"学年"菜单，打开图1-6所示的年级学期选择窗口，默认为高一年级上期。在下拉框中选择"年级"和"学期"后，单击"确定"按钮退出该窗口。

（2）管理学生情况

单击"管理"→"学生情况管理"菜单，打开图1-7所示的学生情况管理窗口。

图 1-7

〔想一想〕

①在学生情况管理窗口中,管理的信息有:＿＿＿＿＿＿＿＿＿＿＿＿＿＿＿＿。
②在学生情况管理窗口中,能进行的操作有:＿＿＿＿＿＿＿＿＿＿＿＿＿＿＿＿。

(3)管理学生成绩

单击"管理"→"学生成绩管理"菜单,打开图 1-8 所示的学生成绩管理窗口。根据选择的年级和学期,对相应的成绩表进行管理。

图 1-8

〔想一想〕

①在学生成绩管理窗口中,管理的信息有:＿＿＿＿＿＿＿＿＿＿＿＿＿＿＿＿。
②在学生成绩管理窗口中,能进行的操作有:＿＿＿＿＿＿＿＿＿＿＿＿＿＿＿＿。

(4)统计成绩

单击"管理"→"成绩统计管理"菜单,打开图 1-9 所示的成绩统计窗口。根据选择的年级和学期,显示对应成绩表的各科成绩的统计值。

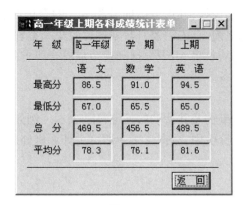

图 1-9

（5）预览与打印报表

单击"报表"菜单，弹出下拉菜单，图 1-10 是单击了"预览学生成绩降序报表"菜单后所显示的窗口。在该菜单中，可对"学生成绩降序报表"、"学生情况快速报表"和"性别分组统计报表"进行预览或打印操作。

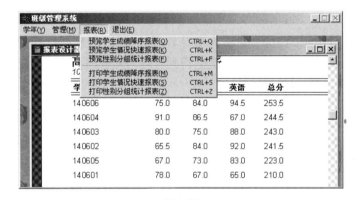

图 1-10

图 1-11

4.退出班级管理系统

单击"退出"菜单，弹出图 1-11 所示的是否退出的确认窗口。单击"是"按钮，即可退出班级管理系统。

练习与思考

1.安装班级管理系统。

2.使用班级管理系统，了解所管理的信息及能进行的操作。

任务二　认识数据处理

任务概述

生活中，我们时刻都在与数据打交道，如做饭时要考虑吃饭的人数、消费的金额和原料的数量;出行要考虑带多少钱;办理身份证需要本人的登记照、户口资料等。任何事物都涉及数据,在存储数据之前,首先需要对数据进行收集和整理。

本任务主要学习怎样从收集、组织数据到规范成符合要求的关系表,从而为开发班级管理系统应用软件做好准备。

1.认识数据

数据是人们描述客观事物及其活动的抽象符号表示。例如:表示事物量的数值、表示事物名称的字符等。在计算机中,数据泛指一切可由计算机处理的符号及其组合,可以是数值、字符、图形、声音等。

〔想一想〕

针对某个教学班进行管理,可能涉及哪些数据?

2.认识数据处理

数据处理就是对各种数据进行加工的过程,又称为信息处理。例如:对数据进行查找、统计、分类、修改等操作都属于数据处理,其目的是使它得到合理与充分的利用。

〔想一想〕

若要对已收集的班级数据进行处理,你会使用哪些加工办法?若使用计算机处理,用哪些软件可完成相应处理。

〔知识链接〕

● 计算机数据处理技术的发展

(1)手工方式 20世纪50年代中期以前,用户必须掌握数据在计算机内部的存储地点和方式,才能在程序中使用这些数据。

(2)文件方式 20世纪50年代末以后,数据放在一个或多个数据文件中,用户直接操作自己的数据文件,程序和数据紧密联系。

(3)数据库方式 20世纪70年代初期以后,数据存放在一个数据库中,用户通过数据库管理系统软件可以方便、安全地使用数据库中的数据。此时,数据与用户程序相对独立,程序功能改变后,不一定要改变数据的存储结构,能很好地实现数据控制和共享。

3.为班级管理系统收集并组织数据

进行数据管理前,首先要收集、整理并组织数据。新生入校时,每个同学将填写自己的基本信息(如表1-1所示),如姓名、性别、出生年月等,以后每学期的成绩也将填入该表,这张表将成为每个学生的档案资料。

表1-1　学生档案表

学号	140601	姓名	王红梅	性别	女	
出生日期	96年2月1日	入学成绩	480.0	团员否	是	
简　历	2008年9月至2011年7月毕业于明光中学,获…					
成　绩						
科目／学期	语文	数学	英语	政治	体育	…
第一学期	78.0	67.0	65.0	…	…	…
第二学期	76.0	80.0	70.0	…	…	…
第三学期	85.0	75.0	74.0	…	…	…
⋮	⋮	⋮	⋮	⋮	⋮	⋮

若要用一个二维表来反映多名学生的信息,可按以下步骤进行:

①设计二维表。确定在二维表中需要反映的数据信息,并根据项目的多少确定列数,每项内容确定列宽,根据学生人数确定表格的行数。可设计出表1-2所示的学生档案表1。

表1-2　学生档案表1

学号	姓名	性别	出生日期	团员否	入学成绩	简历	照片	学期	语文	数学	…
⋮	⋮	⋮	⋮	⋮	⋮	⋮	⋮	⋮	⋮	⋮	⋮

②填写表格数据。将收集到的数据填入表格,如表1-3所示。

表1-3　学生档案表2

学号	姓名	性别	出生日期	团员否	入学成绩	简历	照片	学期	语文	数学	…
140601	王红梅	女	02/01/96	是	480.0	…	…	1	78	67	…
140601	王红梅	女	02/01/96	是	480.0	…	…	2	76	80	…
140601	王红梅	女	02/01/96	是	480.0	…	…	3	85	75	…
⋮	⋮	⋮	⋮	⋮	⋮	⋮	⋮	⋮	⋮	⋮	
140602	刘毅	男	10/02/95	否	520.5	…	…		84	65	…
⋮	⋮	⋮	⋮	⋮	⋮	⋮	⋮	⋮	⋮	⋮	

表 1-3 中的数据有什么特点？你认为这种表格合理吗？

4.认识数据库系统和数据库管理系统

（1）数据库

数据库（Database,简称 DB）是一种高于文件形式组织数据的技术,就像一个仓库组织货品一样,数据库首先将数据进行分类,然后强调数据之间的存储联系,使数据存储结构化。一般而言,数据库由若干数据表构成,各个表之间有联系。数据库减少了数据存储的冗余,加强了数据控制功能,使数据与程序相对独立。

（2）数据库管理系统与数据库系统

数据库管理系统是用来帮助用户在计算机上建立、使用和管理数据库的软件系统,简称 DBMS。

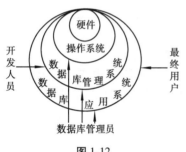

图 1-12

人们可以利用数据库管理系统来完成数据库的创建、管理、使用和维护等工作,因此用户、计算机系统、数据库管理系统和数据库共同组成了数据库系统,简称 DBS,其组成如图 1-12 所示。

（3）数据模型

数据的组织结构称为数据模型,常用的数据库管理系统主要有 3 种数据模型,即层次模型、网状模型和关系模型。

◆ 层次模型　使用数据的从属关系存放数据,它类似于磁盘上文件的目录结构。例如:使用层次模型,可以方便地描述学校的行政组织机构。

◆ 网状模型　可以描述任意复杂的数据结构,各数据间的关系如一张网,彼此之间没有层次。例如:城市交通图就是典型的网状模型,一个建筑或单位是数据,公路连接使图中的建筑或单位发生了关系。

◆ 关系模型　把与实际问题有关的数据分别归纳成若干个简单的二元关系,每一个二元关系都可以建立一个二维表,又称关系表。例如:班级管理系统中的学生情况表、学生成绩表等。关系模型是目前广泛使用的一种数据组织形式。

（4）关系型数据库

关系型数据库用关系模型组织和存储数据,常用的关系型数据库管理系统有 Visual FoxPro、Access、SQL Sever、Oracle 等。

关系表中的每一列称为一个字段,每个字段规定了该列所应存储的数据类型和值域。每个字段均有一个唯一的名字,简称字段名。一个数据库可以包含若干张关系表,每张关系表可以容纳若干行数据,每一行数据称为一条记录。每条记录中的各个数据项就是表中各个字段所对应的字段值。

应当指出:不是所有的二维表都可以称为关系表。要成为关系表,还应具备以下特点:

①每张关系表主题明确,只包括与主题相关的字段,一般需要将主题用一个关键字表

示。例如:学生情况表不应包括每学期的各科成绩,它的关键字是"学号",用于区别表中的不同记录。

②关系表中一般不包括可以从表中数据项计算出来的字段,尽量减小数据冗余。例如:学生成绩表中一般不再设置"总分"或"平均分"字段。

[做一做]

> 根据表1-4所示的关系表,请回答以下问题。
>
> 表1-4　关系表
>
> | 学　号 | 语　文 | 数　学 | 英　语 |
> |---|---|---|---|
> | 140601 | 67.0 | 78.0 | 65.0 |
> | 140602 | 84.0 | 65.5 | 92.0 |
>
> ①该表所包含的字段有:_____。
> ②表中一共有_____条记录。
> ③"语文"字段的值有:_____。

③一个关系表中不允许有相同的字段名,每一个字段的所有字段值必须为同种数据类型。字段的多少可根据需要而设,各字段交换次序不影响结果。

④一个关系表中不允许有2条完全相同的记录。记录彼此独立,可根据需要进行添加或删除,各条记录交换次序不影响结果。

5.为班级管理系统确定关系表

根据关系数据库理论,应将收集整理的数据规范化为关系表。在班级管理系统中,将学生信息分为2个主题:学生情况和学生成绩。为了尽量减小数据冗余,方便操作,表1-3可分割成以下2个关系表,其中不同学期的成绩表用表名加以区别,教材以某个学期成绩为例,统称为学生成绩表。两表以共同关键字"学号"建立关联。

表1-5　学生情况表

学号	姓名	性别	出生日期	团员否	入学成绩	简历	照片
140601	王红梅	女	02/01/96	是	480.0	…	
140602	刘毅	男	10/02/95	否	520.5	…	…
⋮	⋮	⋮	⋮	⋮	⋮	⋮	⋮

表1-6　学生成绩表

学号	语文	数学	英语	…
140601	67.0	78.0	65.0	…
140602	84.0	65.5	92.0	…
⋮	⋮	⋮	⋮	⋮

练习与思考

1.数据库是_____。

2.数据库管理系统简称为_____。常用的数据模型有_____、_____、_____ 3 种。Visual FoxPro 6.0 是_____型数据库管理系统。

3.数据库系统由_____、_____、_____和_____ 4 部分组成。

4.在关系型数据库中,一个关系表中的每一列称为_____,列标题名称为_____,表中的每一行称为_____。

5.按照关系型数据库的要求,收集整理同学或亲朋好友的通讯录资料,组织成一个关系表。

任务三 认识 Visual FoxPro 6.0 系统

任务概述

Visual FoxPro 6.0(简称 VFP)是 Microsoft 公司推出的 Visual FoxPro 系列版本之一,是一个优秀的可视化数据库开发工具。无论是组织信息、运行查询、创建集成的关系型数据库系统,还是为用户编写功能全面的数据库管理应用程序,VFP 都可以提供管理数据所必需的开发环境和工具。

在本任务中,主要学习正确安装、启动及退出 VFP 系统,熟悉 VFP 的操作界面和命令窗口。

1.安装、启动及退出 VFP 系统

(1)安装 VFP 系统

目前的计算机都能达到 VFP 对操作系统及硬件的基本要求。具体安装步骤如下:

①将 VFP 安装盘插入光驱。

②在安装盘中找到安装程序 Setup.exe,然后双击,便可启动安装向导,按照提示一步步操作即可。

③进入图 1-13 后,可以选择安装类型和安装路径。

④选择"典型安装"可以简化操作,该选项只安装一般常用组件,适合于初学者。对 VFP 较熟悉的用户可选择"用户自定义安装",然后根据需要安装相应的组件。

[做一做]

> 观察图 1-13,VFP 的默认安装路径是:_____

(2)启动 VFP 系统

与启动其他应用程序一样,单击"开始"→"程序"→"Microsoft Visual FoxPro 6.0"程

图 1-13

序组下的相应项即可。启动 VFP 后，系统进入欢迎页面，如图 1-14 所示，单击"关闭此屏"按钮，即可进入系统。若希望以后启动不再出现此画面，可勾选"以后不再显示此屏"复选框。

图 1-14

（3）退出 VFP 系统

单击 VFP 窗口右上角的关闭按钮⊠,即可退出 VFP 系统。

〔做一做〕

列举出其他启动和退出 VFP 系统的方法。

①启动 VFP 系统

②退出 VFP 系统

〔注意〕

正常退出 VFP 可以防止数据丢失。如果直接按复位按钮 Reset 或电源开关 Power,则可能造成用户数据丢失。

2.认识 VFP 的操作界面

进入 VFP 系统后的操作界面如图 1-15 所示,由一个主窗口和若干个子窗口构成。主窗口由标题栏、菜单栏、工具栏、状态栏以及主窗口工作区构成。默认情况下,子窗口仅仅显示命令窗口。

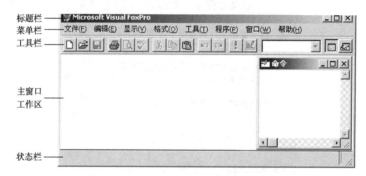

图 1-15

◆ 标题栏　位于 VFP 主窗口顶端,默认显示的标题为"Microsoft Visual FoxPro"。

◆ 菜单栏　用于显示 VFP 的菜单系统,以供用户选择相应的功能。主要有文件、编辑、显示、格式、工具、程序、窗口和帮助 8 个菜单,其内容将会随操作对象的不同而变化。

◆ 工具栏　它是 VFP 的常用工具栏。除此之外,VFP 还有十几个工具栏。单击"显示"→"工具栏"菜单,打开图 1-16 所示的对话框,可决定哪些工具栏在窗口中显示。

◆ 状态栏　根据系统当前的工作状态,显示相应的提示信息。

◆ 主窗口工作区　主要用于放置 VFP 系统的各个子窗口和显示操作结果。

〔提示〕

所有的工具栏按钮都相当于菜单命令,是完成某项操作的快捷途径。

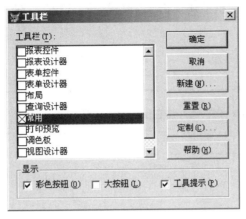

图 1-16

3.设置 VFP 的默认路径

为使新建文件不散落在磁盘的各处,本教材约定用户文件都存放在 D:\Vfpex 目录中(练习时,可根据实际情况建立其他目录),启动 VFP 后可指定此路径为默认目录,具体操作步骤如下:

①单击"工具"→"选项"菜单,弹出"选项"对话框。

②单击"文件位置"选项卡,切换到图 1-17 所示的窗口,鼠标双击清单中的"默认目录"项。

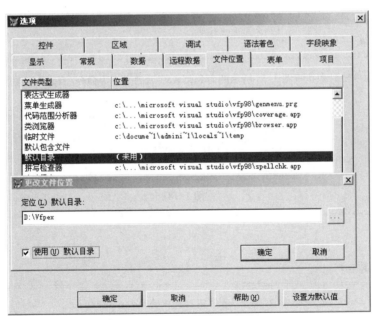

图 1-17

③弹出"更改文件位置"对话框,勾选"使用(U)默认目录"复选框,在"定位(L)默认目录"框中输入:D:\Vfpex,单击"确定"按钮退出所有设置窗口。

也可在命令窗口中执行如下命令:

Set Default To D:\Vfpex

其命令格式为:Set Default To ［路径］

若在关闭"选项"对话框前还单击了"设置为默认值"按钮,则每次启动 VFP 后都将该路径设置为默认路径。

〔做一做〕

> 在 D 盘建立 Vfpex 文件夹,并将它设置为默认路径,然后观察"打开"对话框或"另存为"对话框中的当前文件夹。

〔想一想〕

使用"选项"对话框和命令设置默认路径有什么区别?

4.认识 VFP 的命令窗口

在 VFP 系统中,用户可以使用菜单、对话框来执行各种操作,每当操作完成后,相应命令将自动显示在命令窗口中。用户也可以直接在命令窗口中输入各种命令,按回车键后执行。

〔做一做〕

> 在命令窗口中执行图 1-18 所示的命令("&&"后的文字为命令注释,不必输入),观察主窗口工作区的显示结果。

图 1-18

〔提示〕

单击常用工具栏的"命令窗口"按钮 🔳 可以打开或隐藏命令窗口。

(1)命令的输入及编辑

与其他文本窗口一样,命令窗口除了专门用来执行和显示命令外,还可以进行插入、删除、复制、剪切等编辑操作。常用的输入和编辑技巧如下:

①若已输入命令,在按回车键之前,可按 Esc 键删除刚才输入的命令。

②命令窗口可保留历史记录,若需再次执行先前命令,将光标直接移到该命令行的任

意位置,按回车键即可。

③右击命令窗口,在快捷菜单中单击"清除"菜单即可清空命令窗口。

④若要改变命令窗口中字体的大小,单击"格式"→"字体"菜单,也可单击"格式"→"××行距"或"缩进"菜单改变段落的行间距及缩进方式。

(2)命令出错处理

在命令窗口中输入命令时,常常会出现一些错误。例如:将 Clear 命令敲成了 Dlear,此时 VFP 系统弹出图 1-19 所示的错误信息提示框。若单击"确定"按钮,可关闭对话框;若单击"帮助"按钮,可获得在线帮助。

图 1-19

一旦出现错误,就要根据相应的提示信息检查是否是命令输错了,或者对照命令格式查看是否是命令没有输入完整等。

(3)命令的结构

VFP 提供了大量命令用于对数据库进行各种操作,一般都具有以下的结构形式:

命令关键字　[<范围>][Fields <字段名表>][For|While <条件>][...]　　&&注释
　｜
命令动词　　　　　　　　　相关子句

◆ 命令关键字　指明该命令所要实现的功能。

◆ 相关子句　用以指明命令的操作对象、操作范围或条件。子句可能不止一个,各子句之间用空格分隔。在表述命令子句的格式时,一般采用表 1-7 中的符号约定。

◆ 注释　用于对整个命令的功能做简要说明,增强程序的可读性,可以省略。

表 1-7　符号约定表

符　号	符号约定及功能
< >	尖括号,表示必选项目,不可缺少
[ ]	方括号,表示任选项目。不选时,系统使用默认值
|	竖线,表示在两个项目中任选其一
…	省略号,表示前面的项目可以重复多次

(4)命令的书写规则

①每条命令必须由命令关键字开头。

②命令关键字后的其他子句无先后次序要求。

③命令行中各单词之间用一个或多个空格分隔。

④命令关键字、子句及标点符号等必须使用半角,大小写可混合输入。

⑤VFP 命令一行写不下时可在行末加续行符";",接着在下一行书写。

⑥VFP 中,一行只能书写一条命令。

⑦VFP 的命令或关键字可以取前面 4 个字符进行缩写。

练习与思考

1.填空题

(1)VFP 的命令由＿＿＿＿＿＿＿＿和＿＿＿＿＿＿＿＿ 2 部分构成。

(2)请在图 1-20 中标出 VFP 操作界面的组成名称。

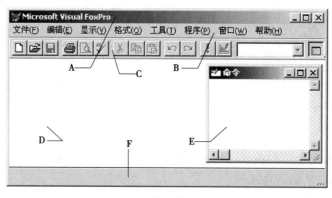

图 1-20

A.＿＿＿＿＿＿＿   B.＿＿＿＿＿＿＿   C.＿＿＿＿＿＿＿

D.＿＿＿＿＿＿＿   E.＿＿＿＿＿＿＿   F.＿＿＿＿＿＿＿

2.判断题

(1)命令关键字及子句只能用小写字母输入。　　　　　　　　　　　(   )

(2)每条命令都有相关子句。　　　　　　　　　　　　　　　　　　(   )

(3)命令中的英文字母及标点符号可以使用全角。　　　　　　　　　(   )

(4)命令的相关子句有严格的顺序。　　　　　　　　　　　　　　　(   )

3.实作题

(1)用多种方法启动和退出 VFP 6.0 系统。

(2)在命令窗口中执行"Quit",观察执行结果。

(3)在桌面上建立启动 VFP 的快捷方式。

(4)在自己家中的计算机上安装 VFP 6.0。

模块二 *Mokuaier*

创建数据库

VFP 是关系型数据库管理系统,管理数据库是它的基本功能和目的。设计一个功能齐全、容错力强、结构优化的数据库,是数据库应用软件中一个重要设计环节。数据库由若干数据库表组成,各数据库表之间可以通过索引来建立相互关联。

通过本模块的学习,应达到的具体目标如下:

☐ 会创建并操作数据库

☐ 会创建并修改数据表

☐ 会创建索引

☐ 会设置表间关系

任务一 创建数据库

任务概述

数据库可简单理解为是存贮数据的一个仓库,一个数据库中通常包含一个或多个相互关联的表,数据库中的表称为数据库表,不属于数据库的表称为自由表。在创建数据库表之前,首先应创建数据库。

本任务将为班级管理系统建立一个 Db_bjgl 数据库,并且学习与数据库相关的一系列操作。

1.规划班级管理数据库

在创建数据库之前,应该合理地设计数据库,正确地构造表结构。这样不仅可以准确地提供信息、高效地维护数据,还能方便用户操作,提高工作效率。在规划数据库时,一般应从以下 6 个方面进行考虑。

(1)确定建立数据库的目的   即确定数据库所要完成的任务,需要从数据库中得到什么信息。

在班级管理系统中,需要建立一个班级管理数据库,在库中实现对某个班的学生情况和每学期的成绩进行管理。

(2)确定数据库中所包含的表   当明确建立数据库的目的后,需要将所有的信息按不同的主题进行分类,每个主题都可以是数据库中的一个表。

在班级管理数据库中,按主题可分为学生情况和学生成绩 2 类,分别用学生情况表和学生成绩表来存储。

(3)确定表的结构   每个表都包含一个确定的主题,围绕这一主题信息,确定表中的字段,根据所要存放的实际数据,确定每个字段的数据类型和宽度。

班级管理系统中的学生情况表和学生成绩表的结构规划过程详见模块一的任务二。

(4)设置表中的主关键字   为了确保表中记录的唯一性,避免重复记录的出现,需要在表中选择一个或一组字段,使该字段能唯一标识表中的每一条记录,将它设置为主关键字。利用主关键字可以连接各个表。

在班级管理数据库中,学生情况表和学生成绩表的"学号"字段都能唯一标识每条记录,因此"学号"字段可以作为主关键字。

(5)确定各表之间的关系   由于每个表都含有一个主关键字,可以通过它建立多表之间的关系。当从数据库中提取信息时,通过主关键字将各个表的相关信息重新组合在一起。

在班级管理数据库中,学生情况表和学生成绩表通过"学号"字段建立两表之间的关联。

(6)对数据库进行优化设计   对设计进一步分析,查找其中的错误,以便及时修正。

2.创建班级管理数据库

为班级管理系统创建一个班级管理数据库,文件名为"Db_bjgl.dbc",有如下 2 种实现方式：

（1）菜单方式

具体操作步骤如下：

①单击"文件"→"新建"菜单，弹出"新建"对话框，如图2-1所示。

图2-1

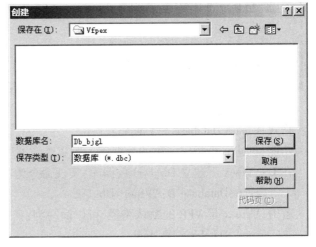

图2-2

[做一做]

观察图2-1，除了新建数据库外，还可创建哪些对象？

_____

②在"新建"对话框中选择"数据库"单选项，然后单击"新建文件"按钮，打开图2-2所示的"创建"对话框。

③在"创建"对话框中选择D:\Vfpex目录，在"数据库名"框中输入：Db_bjgl，然后单击"保存"按钮，同时弹出图2-3所示的数据库设计器窗口。

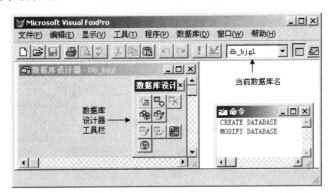

图2-3

数据库建好后处于打开状态，但为空，不包含任何相关表或其他对象。

①常用工具栏的"数据库"名下拉框中显示的数据库名为_____,其扩展名是_____。

②当"数据库设计器"窗口为活动窗口时,VFP 的菜单栏中显示有_____、_____、_____、_____、_____、_____菜单。

③通过上述操作,在命令窗口中显示的命令是_____和_____。

（2）命令方式

格式：Create Database［数据库名］

功能：创建一个指定名称的数据库。若省略数据库名,将会弹出"创建"对话框。

在 D：\Vfpex 下建立 Db_bjgl 数据库,实现命令为：

    Create Database D：\Vfpex\Db_bjgl

若 D：\Vfpex 是 VFP 的默认路径,可以简写为：

    Create Database Db_bjgl

3.打开班级管理数据库

在使用班级管理数据库之前,首先应将其打开,既可用菜单方式,也可用命令实现。

（1）菜单方式

具体操作步骤如下：

①单击"文件"→"打开"菜单,弹出"打开"对话框,如图 2-4 所示。

图 2-4

②在"文件类型"下拉框中选择"数据库"项,选中 Db_bjgl 数据库文件,然后单击"确定"按钮。

使用菜单方式打开数据库后会自动打开相应的数据库设计器窗口。

（2）命令方式

格式：Open Database［数据库名］

功能：打开指定名称的数据库。若省略数据库名，将会弹出"打开"对话框。

如打开 Db_bjgl 数据库，实现命令为：

　　Open Database Db_bjgl

〔提示〕

　　①用命令方式创建或打开数据库时，并没有打开数据库设计器窗口，此时可用 Modify Database 命令打开其设计器窗口。

　　②用户可以同时打开多个数据库，VFP 默认将最后打开的数据库设置为当前数据库，但并不关闭先前打开的数据库。也可用 Set Database To <数据库名>命令或工具栏来重新选择当前数据库。

4.关闭数据库

格式：Close Database［All］

功能：关闭当前数据库。若命令中带有 All 子句，则表示关闭所有已打开的数据库。

练习与思考

完成如下操作，并写出相应命令。

（1）建立"教学库.dbc"数据库。

（2）关闭所有数据库。

（3）打开"教学库.dbc"及其设计器窗口。

任务二 创建数据表

任务概述

一个完整的数据表由表结构和记录内容 2 部分组成。创建数据表时,首先应创建表结构,然后输入记录内容。

本任务将为班级管理系统建立一个学生情况表和一个学生成绩表,对应的文件名分别为:Xsqk.dbf 和 Xscj.dbf。

1.认识字段的基本属性

一个数据表的结构由多个字段组成,建立表结构的实质就是定义表中各个字段的属性,字段的基本属性包括字段名、字段类型、字段宽度和小数位数等。

(1)数据类型

字段类型、宽度和小数位数等属性是字段允许值和值域范围的说明。VFP 中最常用的数据类型如表 2-1 所示。

表 2-1　数据类型表

类　型	标识符	说　　　　明	字段宽度/B
字符型	C	由字母、数字、空格及各种符号组成,用于描述事物的名称、性质等	1~254
数值型	N	由正负号、数字和小数点组成,用于描述事物的数量	1~20
日期型	D	格式为 mm/dd/yy,其中的 mm、dd、yy 分别表示月、日、年,用于表达日期	8
货币型	Y	用于表达金融方面的数量,保留 4 位小数	8
备注型	M	用于存储一个数据块,数据保存在与数据表文件名相同的备注文件中,其扩展名为.fpt。该文件随表的打开自动打开,若被损坏或丢失,其表不能打开	4
通用型	G	用于存放图形、电子表格、声音等多媒体数据。数据也存储在扩展名为.fpt 的备注文件中	4
逻辑型	L	存储逻辑值.T.或.F.,用于表示事物的真与假、是与否等信息	1

〔做一做〕

①需要用户确定宽度的数据类型有：_____。
②宽度固定的数据类型有：_____。
③需要用户确定小数位数的数据类型有：_____。

（2）字段的命名规则

字段名用来标识字段，其命名规则是以字母、汉字打头，可由字母、汉字、数字或下画线组成。

在实际应用中，一般情况下，字段名以英文方式命名，第一个字符是数据类型名，其后的字符简单表示字段名的含义。

2.设计学生情况表结构

设计数据表的结构，其实质就是设计表中的字段个数，以及确定每个字段的基本属性，这些都取决于该表所要存放的具体数据。

学生情况表的数据如表2-2所示。

表2-2 学生情况表

学号	姓名	性别	出生日期	团员否	入学成绩	简历	照片
140601	王红梅	女	02/01/97	是	480.0	2008年9月至2011年7月毕业于明光中学，获…	
140602	刘 毅	男	10/02/96	否	430.0	…	…
140603	李小芳	女	11/15/96	否	460.0	…	…
140604	朱 丹	女	03/07/97	是	510.5	…	…
140605	刘志强	男	05/01/96	否	465.0	…	…
140606	王 强	男	07/06/96	是	508.5	…	…

〔技巧〕

①有些数据虽然由数字组成，但主要是处理文本信息，不参与算术运算，也最好定义为字符型，如"学号"、"身份证号码"、"邮政编码"等。

②有些字段的数据类型需要根据它的取值来确定。若"性别"字段的取值为"男"或"女"，则应定义为字符型；若用.T.和.F.来表示不同性别，则应定义为逻辑型。

③若某字段数据超过254个字符时，则应定义为备注型。

〔做一做〕

请根据表2-2所示的学生情况表的数据信息,在表2-3中规划出该表的结构。

表2-3 学生情况表(Xsqk.dbf)结构设计

字段名	数据类型	宽度/B	小数位/B
学号	字符型	6	—
姓名			—
性别			—
出生日期			—
团员否			—
入学成绩	数值型	5	1
简历			—
照片			—

以上表结构信息也可表示为:

学号␣C(6),＿＿＿＿＿＿,＿＿＿＿＿＿＿,＿＿＿＿＿＿＿＿＿＿入学成绩,;
N(5,1),＿＿＿＿＿＿,＿＿＿＿＿＿("␣"表示空格)

3.创建学生情况表结构

具体实现步骤如下:

①打开 Db_bjgl 数据库的设计器窗口,如图2-5所示。

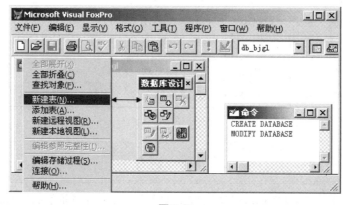

图 2-5

图 2-6

②右击数据库设计器空白处,在快捷菜单中选择"新建表"菜单;或单击数据库设计器工具栏中的"新建表"按钮,均弹出"新建表"对话框,如图2-6所示。

③在"新建表"对话框中,单击"新建表"按钮。

④弹出"创建"对话框,输入表名"Xsqk"后单击"保存"按钮,弹出表设计器窗口。

⑤按表2-3中设计内容依次定义学生情况表的各个字

段属性,如图 2-7 所示。

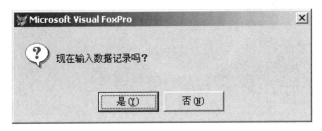

图 2-7

4.输入学生情况表的记录内容

(1)输入学生情况表的记录内容

在表设计器中定义好表结构,单击"确定"按钮后,弹出图 2-8 所示的提示对话框,询问是否立即输入数据记录,单击"是"按钮,打开图 2-9 所示的编辑窗口,按表 2-2 中给出的数据依次输入学生情况表的各条记录内容。

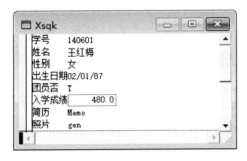

图 2-8

图 2-9

〔提示〕

①逻辑型字段只能接受 T、Y、F、N 4 个字母之一,不区分大小写。输入 T 或 Y 时均显示为 T,输入 F 或 N 时均显示为 F。

②日期型数据默认按美国日期格式 MM/DD/YY 输入。

③数据输入完成后,单击窗口右上角的"关闭"按钮或按 Ctrl+W 键存盘,结束数据输入。

（2）输入备注型和通过型字段

当光标停留在备注型字段(memo)或通用型字段(gen)区时,若不想输入数据,可按回车键跳过;若要输入数据,可按 Ctrl+PgDn、Ctrl+PgUp 快捷键或用鼠标双击均能打开编辑窗口。

备注型字段主要用于存储大数据块,可以直接输入,输入完成后关闭编辑窗口即可。

通用型字段主要用于存储 Windows 中的 OLE 对象,它是通过插入对象的方法来插入所需要的对象。

为学生情况表的第 1 条记录的"照片"字段插入照片,具体操作步骤如下:

①当光标停留在通用型字段(gen)区时,可按 Ctrl+PgDn 或 Ctrl+PgUp 快捷键打开其编辑窗口。

②单击"编辑"→"插入对象"菜单,弹出"插入对象"对话框,如图 2-10 所示。

图 2-10

③选中"由文件创建"单选项,选择要插入或链接的文件,再单击"确定"按钮,将选择的照片文件插入到当前的编辑窗口中,如图 2-11 所示。

图 2-11

④关闭通用型字段的编辑窗口,重复上述操作可以为其他记录添加照片。

〔提示〕

①若要删除编辑窗口的 OLE 对象,单击"编辑"→"清除"菜单即可。

②若备注型和通用型字段没有任何信息时,分别显示为 memo 和 gen;输入数据后,则显示为 Memo 和 Gen。

5.创建学生成绩表

学生成绩表的数据信息如表2-4所示。

表2-4 学生成绩表(Xscj.dbf)

学号	语文	数学	英语
140601	67.0	78.0	65.0
140602	84.0	65.5	92.0
140603	75.0	80.0	88.0
140604	86.5	91.0	67.0
140605	73.0	67.0	83.0
140606	84.0	75.0	94.5

〔做一做〕

请根据表2-4所示的学生成绩表的数据,在表2-5中设计出该表的结构,并启动表设计器创建表结构后输入记录。

表2-5 学生成绩表结构设计

字段名	数据类型	宽度/B	小数位/B

练习与思考

1.填空题

(1)创建一个完整的数据表有_____和_____2个步骤。

(2)建立表结构可以使用_____来完成。

(3)字段的基本属性有_____、_____、_____和_____。

(4)逻辑型字段只有_____和_____2个值。

(5)备注型和通用型字段的内容都存储在扩展名为_____的文件中,其文件名与_____相同。

2.判断题

（1）建立表结构就是定义字段的属性。 （　　）

（2）在实际应用中，字段的属性取决于要存储的数据。 （　　）

（3）表备注文件丢失或损坏，其表仍能正常使用。 （　　）

3.实作题

在"教学库.dbc"中建立如下数据表：

（1）按表2-6中给出的数据建立"学生表.dbf"。

表2-6　学生表

学　号	姓　名	性　别	出生日期	团员否	入学成绩	简　历	照　片
140101	张晓明	男	10/14/97	F	520.5		
140102	江　红	女	03/26/96	T	480.0		
140103	袁久平	男	12/20/96	F	510.5		
140104	李　力	男	11/12/96	T	508.5		
140105	王俊杰	男	07/19/97	T	505.0		
140106	石　扬	女	11/30/95	T	465.0		

（2）按表2-7中给出的数据建立"课程表.dbf"。

表2-7　课程表

课程号	课程名	课时数
A001	语文	3
A002	数学	4
A003	英语	3

（3）按表2-8中给出的数据建立"成绩表.dbf"。

表2-8　成绩表

学　号	课程号	成　绩
140101	A001	78.0
140101	A002	62.0
140101	A003	73.0
140102	A001	65.0
140102	A002	80.0
140102	A003	76.0

任务三　修改数据表

任务概述

数据表建立后,通常还需根据实际情况对它进行改进和完善,例如:添加字段,删除字段,更改字段的名称、宽度、类型等。若某个字段值发生变化时,也要对表中对应记录进行修改。因此,数据表的修改包括对表结构的修改和对记录内容的修改。

在 VFP 中,对数据表进行操作之前,应首先打开表。操作结束后,应及时关闭数据表,以防止数据丢失或因操作不当而遭到破坏。

本任务主要学习修改数据表的一些相关操作。

1.打开表与关闭表

(1)用菜单方式打开表

具体操作步骤如下:

①单击"文件"→"打开"菜单,弹出"打开"对话框,如图 2-12 所示。

②在"打开"对话框中的"文件类型"下拉列表框中选择"表(﹡.dbf)"项,然后双击要打开的表。

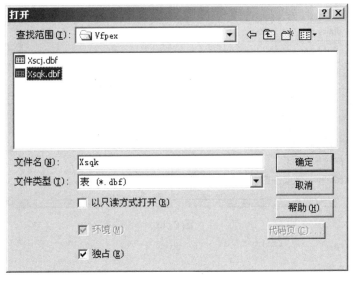

图 2-12

 〔提示〕

如果要对表进行编辑修改,在"打开"对话框中,勾选"独占"复选框,即以独占方式打开。

29

（2）用命令方式打开表

格式：Use ＜表名＞

功能：打开指定的表。

（3）用命令方式关闭表

◆ Use　关闭当前所打开的表。

◆ Close Database［All］　关闭当前数据库及其隶属于该库的所有表。

◆ Close All　关闭所有打开的数据库和表，选择1号工作区为当前工作区，并关闭除命令窗口外的所有其他窗口（"工作区"概念详见本模块的任务五）。

◆ Clear All　释放所有内存变量，不改变当前工作区，也可用于关闭表，释放字段变量。

2.修改表结构

（1）打开表设计器

表设计器具有创建和修改表结构的双重功能，因此，若要修改表结构仍可使用表设计器。

单击"显示"→"表设计器"菜单，或在命令窗口中输入"Modify Structure"命令，均能打开图2-13所示的表设计器窗口。在该窗口中即可实现对表结构的全部修改操作。

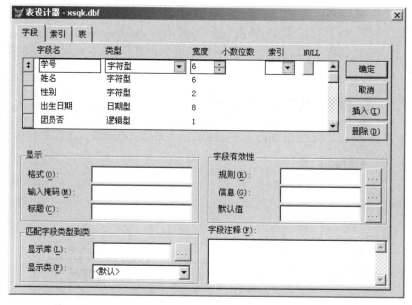

图 2-13

〔想一想〕

在图2-13所示的表设计器窗口中，如何实现以下操作？

①选择一个要修改的字段：_____。

②调整字段顺序：_____。

③修改字段的基本属性：_____。

④添加字段：_____。

⑤删除字段：_____。

(2)修改学生情况表的结构

若将学生情况表的"照片"字段删除,在"简历"字段前添加"操行分 N(5,1)"字段,将"姓名"字段的宽度改为"8"。

具体操作步骤如下:

①打开 Xsqk 表及其设计器窗口,如图 2-13 所示。

②选择"照片"字段,单击"删除"按钮,即可将该字段删除。

③选择"简历"字段,单击"插入"按钮,在"简历"字段前出现一新字段,如图 2-14 所示。依次修改新字段的基本属性为:操行分、数值型、5、1。

④选择"姓名"字段,在"宽度"微调框中将"6"改为"8"。

⑤单击"确定"按钮,弹出图 2-15 所示的确认对话框,单击"是"按钮保存对表结构的修改,若单击"否"按钮则放弃修改。

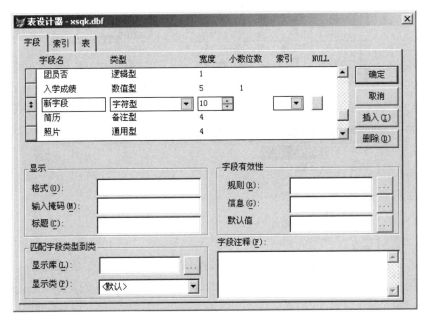

图 2-14

3.修改记录内容

对数据表记录操作时,VFP 为用户提供了浏览窗口和编辑窗口 2 种显示记录内容的方式,浏览窗口是默认显示方式。在这 2 种显示方式下,用户可以对表的所有记录进行编辑操作。

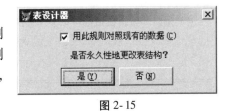

图 2-15

(1)浏览窗口与编辑窗口的切换

在 VFP 中,若所有的表都处于关闭状态,则"显示"菜单下的菜单项如图 2-16 所示。若打开了某个表,则"显示"菜单如图 2-17 所示。

单击"显示"→"浏览"菜单,打开图 2-19 所示的浏览窗口,则"显示"菜单下的菜单项如图 2-18 所示。单击"显示"→"编辑"菜单,切换为图 2-20 所示的编辑窗口。

用户也可以使用 Browse 命令打开浏览窗口,用 Edit 命令打开编辑窗口。在浏览窗口或编辑窗口中,用户可以对记录进行浏览、添加、修改、删除等各项操作。

图 2-16   图 2-17   图 2-18

图 2-19

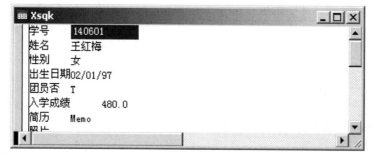

图 2-20

 〔想一想〕

浏览窗口和编辑窗口都可以显示表的记录内容,它们有何区别?

(2)在浏览窗口中操作记录

■ 定位记录

浏览窗口的最左侧的方块图标称为记录选择器,单击可以选择某条记录。

■ 修改记录

在浏览窗口中,单击某个要修改的字段值,VFP 系统自动定位到该记录,然后按指定方式修改即可。

■ 添加记录

在打开浏览或编辑窗口的状态下,单击"显示"→"追加方式"菜单,VFP 系统自动进入追加状态,等待用户输入记录。

练习与思考

1.填空题

(1)表的修改包括对_____和_____的修改。表结构的修改可以在_____中完成,记录的修改可在_____或_____中实现。

(2)若要打开表设计器窗口,打开数据表后,可单击"显示"→"_____"菜单,或使用_____命令。

(3)若要打开浏览窗口,打开数据表后,可单击"显示"→"_____"菜单,或使用_____命令。

2.实作题

(1)将 Xsqk 表中"姓名"字段改为"8"。

(2)打开 Xsqk 表的浏览窗口,试添加以下记录:

　　李明　男　1996 年 4 月 12 日出生　曾担任班长

任务四　创建索引

任务概述

在 VFP 中,当表结构创建好后向表中输入记录时,这些记录会按输入的先后顺序依次存储在数据表中,此种顺序称为记录的物理顺序。但在数据库的实际应用中,往往需要按多种不同的顺序排列表的记录,这就需要重新调整表中的记录顺序。

一种方法是重新排序源表中的记录顺序,生成一个新表,即产生新的物理顺序。若在源表中增删记录后,为了保持新表与源表数据的一致性,需要重做排序操作,这将花费大量的时间。另外一种方法是建立索引,它不建立新的物理顺序,而是按某个关键字来建立记录的逻辑顺序,存储在索引文件中,使用索引可大大加速对数据表的查询和访问。

本任务将为学生情况表和学生成绩表建立索引,并且学习与索引相关的一些操作。

1.认识索引

(1)索引

将数据输入表时,系统自动对记录按存储顺序从 1 开始编号,称为记录号,它反映了记录存储的物理顺序。索引是按某个字段或表达式来对记录进行逻辑排序,并将排序结果送入索引文件。

设有一成绩表,其记录的物理顺序如表 2-9 所示。若按"英语"字段的降序建立索引文件后,则索引文件结构如表 2-10 所示。若要显示成绩表,则记录按照 2→3→5→4→1 的逻辑顺序显示,但并没有改变成绩表记录的物理顺序。

33

表 2-9　成绩表记录顺序			
记录号	数学	语文	英语
1	78	67	65
2	65	84	92
3	80	75	88
4	91	86	67
5	67	73	83

表 2-10　索引文件的结构	
索引关键字	记录号
92	2
88	3
83	5
67	4
65	1

由此可以看出:建立索引实际上是建立一个包含指向数据表记录的指针文件,其中包含索引关键字值和记录号,通过记录号建立起索引文件与原数据表的对应关系。

(2)索引的类型

在 VFP 中,索引按功能分为主索引、候选索引、唯一索引和普通索引 4 种类型。

◆ 主索引　建立主索引的索引关键字不允许出现重复值,它可以确保字段数据的唯一性。一个数据库表只能有一个主索引。

◆ 候选索引(Candidate)　候选索引和主索引一样,被索引的关键字不允许出现重复值,它是作为一个表中主索引的候选者出现。每个数据表可以建立多个候选索引。

◆ 普通索引　是建立索引时的默认类型,可用于记录排序或查找。普通索引的索引关键字允许出现重复值。一个表可以建立多个普通索引。

◆ 唯一索引(Unique)　允许索引关键字出现重复值,但在索引文件中,只存储数据表中第一个与索引关键字相匹配的记录。一个表可以建立多个唯一索引,若要查看表中某字段有多少个不同取值时,可通过建立唯一索引实现。

 〔做一做〕

①根据以上描述,完成表 2-11。

表 2-11　索引类型小结表

索引种类	关键字值(是/否)允许重复	能创建索引的个数
普通索引		
唯一索引		
候选索引		
主索引		

②某数据表有以下字段,判断各个字段能建立的索引类型,简要说明理由。

学号:_____。

姓名:_____。

身份证号码:_____。

政治面貌:_____。

〔知识链接〕

● 索引文件的分类

VFP 支持单索引和复合索引 2 类索引文件,复合索引文件又分为结构复合索引文件和非结构复合索引文件 2 种。

◆ 单索引文件 一个单索引文件中只包含一个索引关键字,若一个数据表需要多个索引顺序时,要建立多个单索引文件。单索引文件名可以与表名相同,其扩展名为.idx。单索引文件必须使用命令打开,一个表可能有多个单索引文件,因此不便于操作和维护。

◆ 结构复合索引文件 可包含多个索引关键字,用不同索引名来区分,索引名又称为索引标识。结构复合索引文件名与相应的表名相同,扩展名为.cdx。结构复合索引文件随表的打开而打开,随表的关闭而关闭。当在表中追加、删除和修改记录时,系统会自动对结构复合索引文件的全部索引进行维护。

◆ 非结构复合索引文件 非结构复合文件中可包含多个索引关键字,其文件名与表名不同,扩展名为.cdx。非结构复合索引文件必须用命令打开,只有该文件打开后,系统才会自动维护其中的索引。

2.使用表设计器建立索引

若要为学生情况表的"学号"字段建立主索引,索引名为"Xh",具体实现步骤如下:

①打开 Db_bjgl 数据库的设计器窗口。

②右击 Xsqk 表的标题栏,在快捷菜单中选择"修改"菜单,打开表设计器窗口,如图 2-21所示。

③在"学号"字段的"索引"下拉框中选择"↑升序"或"↓降序",该字段默认为普通索引。

④单击"索引"选项卡,先前建立的索引自动加入到"索引"选项卡中,如图 2-22 所示。索引名默认为相应的字段名,将"学号"索引名修改为"Xh",在"类型"下拉框中选择"主索引"项,然后单击"确定"按钮,保存创建的索引。

在表设计器的"索引"选项卡中,可以修改已建立的索引,例如:索引名、类型、排序等。同时,也可以利用"插入"和"删除"按钮来实现索引的插入或删除操作。

使用表设计器建立索引,生成的是结构复合索引文件,文件名与表名相同,其扩展名为.cdx。

3.使用命令操作索引

(1)建立结构复合索引

格式:Index On <索引关键字> Tag <索引标识名>〔Unique〕〔Candidate〕;

〔Ascending|Descending〕;

〔For <条件>〕

功能:按指定关键字建立结构复合索引。建立的索引自动成为主控索引,记录指针指

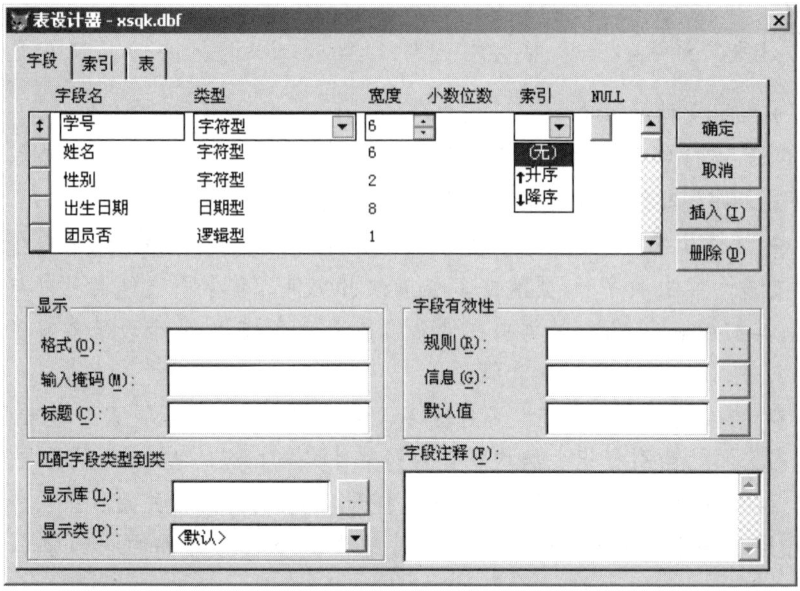

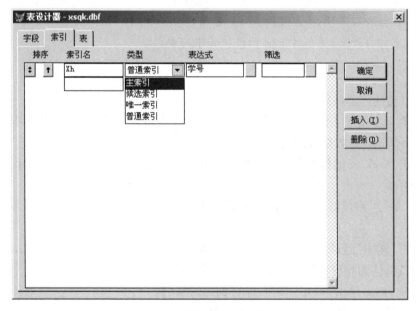

图 2-21

图 2-22

到首记录。

　　说明：

　　①<索引关键字>既可是单字段，也可是用"+"连接的多个字段组成的表达式。

　　②Unique 表示建立唯一索引，Candidate 表示建立候选索引，缺省时为普通索引。

　　③Index 命令不能创建主索引。

　　④Ascending|Descending 表示建立升序或降序索引，默认为升序。

[做一做]

将索引命令中的各子句与表设计器窗口的"索引"选项卡的对应列连线。

[For <条件>]   "排序"列

On <索引关键字>   "筛选"列

Tag <索引标识名>   "类型"列

[Unique][Candidate]   "表达式"列

[Ascending|Descending]   "索引名"列

【例2-1】 为 Xsqk 表和 Xscj 表建立结构复合索引文件,其中包含如下 4 个索引:

①按学号升序的候选索引,索引标识为"Xh"。

②按性别升序的唯一索引,索引标识为"Xb"。

③按入学成绩降序的普通索引,索引标识为"Rxcj"。

④按总分降序的普通索引,索引标识为"Zf"。

对应的实现命令为:

①Index On 学号 Tag Xh Candidate

②Index On 性别 Tag Xb Unique

③Index On 入学成绩 Tag Rxcj Descending

④Index On 语文+数学+英语 Tag Zf Descending

(2)删除索引

一个索引不需要时,只需删除其标识即可。当全部索引标识都删除时,对应的索引文件将自动删除。

格式:Delete Tag <索引标识> | <All>

功能:删除指定的索引标识或所有索引标识。若存在索引标识 All,Delete Tag All 将删除所有索引标识,而不只删除索引标识 All。

例如:删除 Xsqk 表的 Xb 索引标识,实现命令为:

Delete Tag Xb

(3)建立与删除主索引

格式:Alter Table <表名> Add Primary Key <索引关键字> [Tag <索引标识名>]

功能:添加主索引。

例如:在 Xscj 表中为"学号"建立主索引,索引标识名为"Xh",实现命令为:

Alter Table Xscj Add Primary Key 学号 Tag Xh

格式:Alter Table <表名> Drop Primary Key

功能:删除主索引。

说明:不能指定排序方式;建立的索引不能自动成为主控索引;<索引关键字>为单个字段时才能省略索引标识名。

例如:删除 Xscj 表的主索引,实现命令为:

Alter Table Xscj Drop Primary Key

(4)指定主控索引

由于结构复合文件中可以包含多个索引,某个时刻只有一个索引起作用,当前起作用的索引称为主控索引。

格式:Set Order To［索引标识］

功能:指定主控索引。

说明:若执行 Set Order To 命令,将取消主控索引,表中记录按物理顺序输出。

【例2-2】 在 Xsqk 表中分别指定不同的主控索引,并观察浏览窗口中记录的逻辑顺序。

```
Close All
Use Xsqk
Browse
Set Order To Xb
Browse
Set Order To Rxcj
Browse
```

练习与思考

1.填空题

(1)索引是按某个字段或表达式来对记录进行_____,并将排序结果保存在_____。

(2)索引按功能分为_____、_____、_____、_____。

2.在 Db_bjgl 数据库中,对 Xsqk 表进行如下操作,写出相应命令,并上机实现。

(1)以"学号"建立主索引,索引标识为"Xh"。

(2)以"姓名"建立候选索引,索引标识为"Xm"(假设无同名同姓的记录)。

(3)以"入学成绩"降序建立普通索引,索引标识为"Rxcj"。

(4)以"年龄"建立唯一索引,索引标识为"Nl"。"年龄"的表达式为:year(date())-year(出生日期),函数 year()和 date()的功能详见模块四任务一。

(5)将 Rxcj 指定为主控索引,并浏览记录。

(6)删除索引标识"Xm"。

(7)删除主索引标识"Xh"。

3.思考题

在 Xsqk 表中,能以"简历"或"照片"字段建立索引吗?

任务五 设置表间关系

任务概述

VFP 是一个关系型数据库管理系统,每个独立的表中存储的数据之间都有关系。用户可以在这些表之间建立关系,而 VFP 可以利用这些关系来获取数据库的不同表中有联系的信息。

在班级管理数据库中，本任务将为学生情况表和学生成绩表间建立永久关系和临时关系。

1.认识表间关系

根据两表间的记录对应情况，将表间关系分为一对一、一对多和多对多关系。

在 VFP 中，通过链接不同表的索引，可以很方便地建立表与表之间的关系，发起关联的表称为父表（也称为"主表"），被关联的表称为子表。建立关系时，两表必须以公共字段建立索引，父表的公共字段称为主关键字段，子表的公共字段称为外部关键字段。

◆ **一对一关系**　是指表 A 中的任何一条记录，在表 B 中只能对应一条记录，而表 B 中的一条记录在表 A 中也只能有一条记录与之对应。

一般地，父表必须根据共同字段建立主索引，子表根据共同字段建立主索引或候选索引，则两表间是一对一关系。

◆ **一对多关系**　是指表 A 中的一条记录可以对应表 B 中多条记录，但表 B 中的一条记录最多只能对应表 A 中的一条记录。

一般地，父表必须根据共同字段建立主索引，子表根据共同字段建立普通索引或唯一索引，则两表间是一对多关系。

◆ **多对多关系**　是指表 A 的一条记录可以对应表 B 中的多条记录，而表 B 的一条记录也可以对应表 A 中的多条记录。

多对多关系在数据库应用程序开发中比较少见，通常应先引入第三个表，将多对多关系转化为一对多关系。

〔做一做〕

观察图 2-23 和图 2-24，根据 2 个表间记录的对应情况确定表间关系，并写出父表和子表各自应建立什么类型索引（通过"学号"字段建立表间关系）。

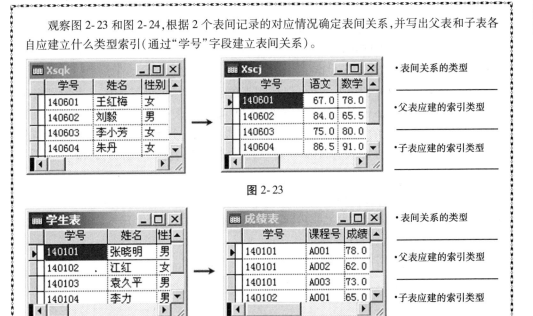

图 2-23

图 2-24

2.创建学生情况表与学生成绩表间的临时关系

（1）临时关系

临时关系是指当关系建立后立即生效,退出 VFP 系统后,就随之消失的一种关系。

建立了表间临时关系后,可以实现在父表中移动记录指针时,子表自动定位到相应的记录。定位记录将在模块三的任务一中详述。

（2）工作区及其选择

工作区是一个带有编号的内存区域,用于标识一个打开的表。

VFP 允许用户同时最多使用 32 767 个工作区,在每个工作区中同一时刻只能打开一个表。32 767 个工作区可用相应数字标识,而对前 10 个工作区还可以用 A~J 来标识。在创建数据表时不能用 A~J 的单个字母作为表名。

可以使用 Select 命令来选择任何一个工作区,当前被选择的工作区称为当前工作区,任何时刻只能有一个工作区成为当前工作区。

格式:Select <工作区号>|<别名>

功能:选择指定区号或别名的工作区为当前工作区,系统初始状态下的当前工作区为1 号。

说明:①Select 0 表示选择未使用的最低号工作区为当前工作区。

②可用 Select( ) 函数查看当前工作区号。

【例2-3】 选择不同工作区,并测试工作区号。

```
Close All
?Select( )              && 输出结果为 1
Select 0
?Select( )              && 输出结果为 1
Select D
?Select( )              && 输出结果为 4
```

（3）在当前工作区中打开表

格式:Use <表名>［Alias <别名>］［In<工作区>］［again］

当表在某个工作区中打开后,还可以使用表的别名来标识该工作区。表的别名可在打开表时用 Alias <别名>子句指定。缺省时,VFP 系统将表名作为默认别名。可以使用Alias( )函数查看工作区的别名。In <工作区>可以指定打开表的工作区,默认在当前工作打开表。若在另外的工作区再次打开某个表,必须使用关键字 again,否由会显示出错信息"文件正在使用"。

在当前工作区中打开的表称为活动表,其他工作区中打开的表称为非活动表。只有活动表可以编辑修改,非活动表只能访问。非活动表中字段的访问格式为:

别名->字段名|别名.字段名

【例2-4】 在多个工作区中打开表。

```
Select 1
Use Xscj
?Alias( )              && 输出结果为 Xscj
Select 2
Use Xsqk Alias Xs
```

```
?Alias( )                          && 输出结果为 Xs
Select Xscj
?Select( )                         && 输出结果为 1
Browse Fields 学号,Xs->姓名,语文,数学,英语
```

（4）创建学生情况表与学生成绩表间的临时关系

格式：Set Relation To <关键字表达式> Into <工作区号|别名>

功能：以当前工作区中的表为父表，与<工作区号>或<别名>所指定的子表以共同的<关键字表达式>建立两表间的临时关系。

建立临时关系前，应在子表中按关键字表达式建立索引，并指定为主控索引。若关键字表达式为数字表达式，此时子表不需建立索引。

建立起临时关系后，若在父表中移动记录指针，则子表中的记录指针自动定位到与关键字表达式相等的第 1 条记录上。在父表所在的工作区执行 Set Relation To 命令可解除两表间的临时关系。

【例2-5】 按"学号"字段建立学生情况表与学生成绩表间的临时关系。

```
Select 1
Use Xscj
Index On 学号 Tag Xh
Set Order To Xh                    && 指定主控索引
Select 2
Use Xsqk
Set Relation To 学号 Into Xscj
Go 3                               && 定位到第 3 号记录
Select Xscj
?Recno( )                          && 测试当前记录号,输出结果为 3
```

【例2-6】 按记录号建立学生情况表与学生成绩表间的临时关系。

```
Select 1
Use Xscj
Select 2
Use Xsqk
Set Relation To Recno( ) Into Xscj
Go 2
Select Xscj
?Recno( )                          && 输出结果为 2
Go 5                               && 在子表中定位到第 5 号记录
Select Xsqk
?Recno( )                          && 输出结果为 2
Set Relation To
```

3.创建学生情况表和学生成绩表间的永久关系

（1）永久关系

永久关系是在数据库表间建立的关系，建立后一直作为数据库的一部分保存在数据

库中,直到删除为止;下次使用时,直接打开就可使用,不需要重新建立。

建立了表间永久关系后,可以设置父表和子表之间在插入、删除、更新记录时的规则,从而保证相关数据的一致性。

(2)创建表间永久关系

在班级管理数据库中,为学生情况表和学生成绩表间建立一对一的永久关系。

具体操作步骤如下:

①打开 Db_bjgl 数据库的设计器窗口。

②为 Xsqk 表的"学号"字段建立主索引,索引标识为"Xh"。

③为 Xscj 表的"学号"字段建立主索引或候选索引,索引标识为"Xh"。

④将 Xsqk 表的主索引标识 Xh,拖到 Xscj 表的 Xh 索引标识上。此时,两表间出现一根连线,如图 2-25 所示,表间关系建立成功。

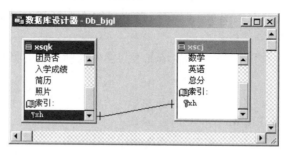

图 2-25

(3)编辑表间永久关系

要解除永久关系,只需删除连线即可。操作方法是:单击连线,然后单击 Delete 键。删除表中相关索引后,永久关系也自动解除。

双击表间连线,弹出"编辑关系"对话框,如图 2-26 所示。

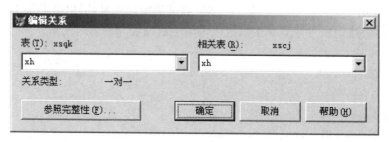

图 2-26

在"编辑关系"对话框中,用户可在"表"下拉框中选择索引字段,系统将根据相关表中的索引类型确定建立一对一关系或一对多关系。

4.建立参照完整性

在表间建立关系后,可以设置参照完整性来建立一些规则,以便控制相关表中记录的插入、更新和删除。建立参照完整性可以通过参照完整性生成器来实现,具体操作步骤如下:

①打开 Db_bjgl 数据库的设计器窗口。

②单击"数据库"→"清理数据库"菜单。

③单击"数据库"→"编辑参照完整性"菜单,或单击图 2-26 中的"参照完整性"按钮,均能弹出图 2-27 所示的"参照完整性生成器"对话框。

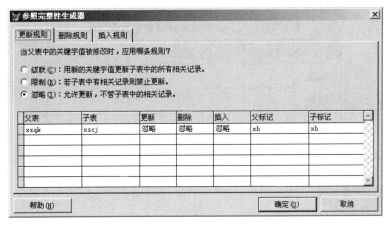

图 2-27

④在"参照完整性生成器"对话框中,有"更新规则"、"删除规则"和"插入规则"3 个选项卡。

◆ 更新规则　用于修改父表中关键字值时所用的规则。

◆ 删除规则　用于指定删除父表中的记录时所用的规则。

◆ 插入规则　用于指定在子表中插入新记录或更新已存在记录时所用的规则。

选项按钮在各个页面中的功能如表 2-12 所示。

表 2-12　参照完整性说明表

	更新规则	删除规则	插入规则
级联	更新父表关键字值时,VFP 会自动更改所有子表相关记录的对应值	删除父表中的记录时,相关子表中的记录将自动删除	
限制	若子表有相关记录,则更改父表关键字值就会产生"触发器失败"的提示信息	若子表有相关记录,则在父表中删除记录就会产生"触发器失败"的提示信息	若父表没有相匹配的记录,则在子表中添加记录就会产生"触发器失败"的提示信息
忽略	允许父表更新、删除或插入记录,与子表记录无关		

〔做一做〕

　　在 Db_bjgl 数据库中的学生情况表和学生成绩表间实现如下参照完整性,请在表 2-13 中写出各个选项卡应选择的选项按钮。

　　①修改 Xsqk 表的学号时,Xscj 表相关记录自动修改。

　　②禁止在 Xsqk 表中删除与 Xscj 表有相同学号的对应记录。

　　③在 Xscj 表中插入新记录时,若该学号在 Xsqk 表中不存在,则禁止添加。

　　分析上述要求,判断:_____为父表,_____为子表。

表 2- 13　Db_bjgl 数据库参照完整性设置表

	更新规则	删除规则	插入规则
级联			
限制			
忽略			

练习与思考

1.填空题

(1)表间关系按是否能存储分为＿＿＿＿＿＿和＿＿＿＿＿＿。

(2)按记录的对应情况可将表间关系分为＿＿＿＿＿＿、＿＿＿＿＿＿和＿＿＿＿＿＿。

(3)参照完整性规则中可以设置＿＿＿＿＿＿、＿＿＿＿＿＿、＿＿＿＿＿＿ 3 种规则。

(4)更新规则和删除规则是为＿＿＿＿＿＿表设置的规则,而插入规则是为＿＿＿＿＿＿表设置的规则。

2.实作题

(1)在教学库中建立图 2-28 所示的永久关系。

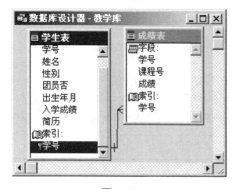

图 2-28

(2)在教学库中设置如下参照完整性规则,并验证。

①修改学生表中的学号时,成绩表中的相应学号会自动修改。

②禁止在学生表中删除与成绩表中有相同学号的对应记录。

③在成绩表中插入新记录时,若该学号在学生表中不存在,则禁止添加。

(3)以学生表为父表,与成绩表按记录号建立临时关系,并打开两表的浏览窗口。

①在学生表中移动记录指针,观察成绩表中记录指针的移动。

②在成绩表中移动记录指针,观察学生表中记录指针的移动。

模块三 *Mokuaisan*

维护数据

在班级管理系统中,数据表中的数据会根据实际情况改变。当学生情况表、学生成绩表建立后,转入学生时需要添加记录,有学生转出时需要删除记录。为了能验证数据输入的正确性,减少数据校对的工作量,可通过设置数据库表的属性来实现。有时需要用其他软件调用班级管理系统中的数据,或将其他类型的数据调入表中。

通过本模块的学习,应达到的具体目标如下:

☐ 定位记录

☐ 追加、删除及批量更新记录

☐ 设置数据库表的属性

☐ 导入导出数据

任务一 定位记录

任务概述

打开数据表,记录指针指向第 1 条记录。指针指向的记录称为当前记录。对数据表操作时,首先需要定位记录,然后才能实现相关操作。

根据记录指针移动方式的不同,分为绝对定位、相对定位和条件定位 3 种。

本任务主要学习定位记录的 3 种方法:在浏览窗口单击记录选择器、使用命令定位记录和使用菜单来实现记录的定位。

1.在浏览窗口中定位记录

打开学生情况表的浏览窗口,如图 3-1 所示。从记录选择器列中可以观察到当前记录,而状态栏也会显示表名、当前记录号及总记录数、打开方式等。直接单击记录选择器即可实现定位记录。

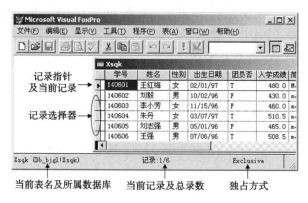

图 3-1

逻辑顺序的第一条记录称为首记录,简记为 Top;最后一条记录称为尾记录,简记为 Bottom。首记录之前称为文件头,尾记录之后称为文件末。

2.使用命令定位记录

(1)绝对定位

格式:Go <数值表达式>|<Top>|<Bottom>

功能:将记录指针定位到指定的位置。

说明:<数值表达式>的值为所要指向的记录号,其取值为正整数。Go Top 表示定位到首记录,Go Bottom 表示定位到尾记录。

【例 3-1】 绝对定位记录。

```
Use Xsqk
Go Bottom          && 定位到尾记录
Go 3               && 定位到第 3 号记录
Go Top             && 定位到首记录
```

（2）相对定位

格式:Skip［<数值表达式>］

功能:以当前记录为基点,将记录指针向前或向后移动指定条记录。若<数值表达式>为正,则向记录号大的方向移动;为负,则向记录号小的方向移动;若为1,可简写为 Skip。

【例 3-2】 相对定位记录。

```
Use Xsqk
Skip                && 定位到第 2 号记录
Skip 3              && 定位到第 5 号记录
Skip -2             && 定位到第 3 号记录
```

（3）相关函数

■ Recno( )

功能:测试当前记录的记录号。

■ Reccount( )

功能:测试当前表的记录总数。

■ Bof( )

功能:测试记录指针是否到了文件头。指针指向文件头时,Bof( )的值为.T.,其他位置为.F.。

■ Eof( )

功能:测试记录指针是否到了文件末。指针指向文件末时,Eof( )的值为.T.;其他位时置为.F.。

数据表文件中的记录范围与记录指针的移动关系如图 3-2 所示。

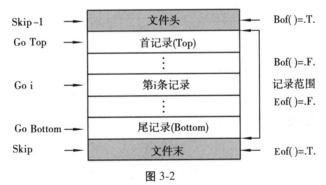

图 3-2

（4）条件定位

条件定位记录,就是按表中记录顺序检索满足条件的记录,可使用 Locate 命令,将记录指针定位到符合查找条件的记录上。若查找到满足条件的记录,Found( )函数的值为.T.,反之为.F.。

格式:Locate［<范围>］［For <条件>］

⋮

Continue

功能:在当前数据表中,按记录顺序依次查找满足条件的第 1 条记录,并将记录指针指向这条记录,然后使用 Continue 命令可继续向下查找。

说明:若指定了主控索引,则按逻辑顺序依次查找;如果没有检索到满足条件的记录,记录指针指向指定范围的末尾。<范围>子句详见模块三任务三。

【例3-3】 条件定位记录。

```
Use Xsqk
?Recno( )
Locate For 入学成绩>500
?Found( )
?Recno( )
Continue
?Recno( )
Continue
?Eof( )
```

3.使用菜单定位记录

具体操作步骤如下：

①打开要操作的表。

②单击"显示"→"浏览"菜单,打开浏览窗口。

③单击"表"→"转到记录"菜单,弹出下一级菜单。菜单项与命令操作的对应关系如图3-3所示。

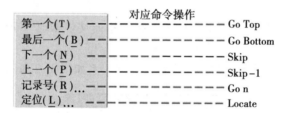

图3-3

④根据需要选择相应的菜单项。

练习与思考

1.填空题

(1)定位记录就是将指针移到相应的记录上,按定位的方式分为_____、_____、_____,其命令关键字分别是_____、_____、_____。

(2)Go Top命令的作用是_____；

　　Go Bottom 命令的作用是_____。

2.判断题

(1)相对定位是以当前记录为基准,向上或向下移动记录指针。　　　　　　　( )

(2)表文件头就是表的首记录,文件末就是尾记录。　　　　　　　　　　　　( )

(3)当数据表刚打开时,记录指针指到文件头,Bof( )的值为.T.。　　　　　　( )

(4)Go <数值表达式>中,数值表达式的值不能超过最大记录号。　　　　　　( )

3.写出下列命令输出结果,并上机验证,同时观察窗口状态栏的显示信息。

```
Use Xsqk
?Reccount( )              && 输出结果为6
```

?Recno( )　　　　　　　————————

?Bof( )　　　　　　　　————————

Skip-1

?Recno( )　　　　　　　————————

?Bof( )　　　　　　　　————————

Go 3

?Recno( )　　　　　　　————————

Go Bottom

?Recno( )　　　　　　　————————

?Eof( )　　　　　　　　————————

Skip

?Recno( )　　　　　　　————————

?Eof( )　　　　　　　　————————

任务二　在数据库设计器中操作数据表

任务概述

数据库设计器是 VFP 提供的一种辅助设计窗口,它能显示当前数据库中的数据表及表间关系等,并能进行相关操作。

本任务主要学习在数据库设计器中对数据表的操作。

1.打开数据库设计器窗口

〔想一想〕

如何打开一个数据库及其设计器窗口?

打开班级管理数据库,如图 3-4 所示,同时弹出图 3-5 所示的数据库设计器工具栏。使用数据库设计器工具栏、数据库菜单或快捷菜单,均可非常方便地操作数据表。

2.新建表

单击数据库设计器工具栏的"新建表"按钮,弹出"新建表"对话框,按提示一步步操作即可新建数据表。

3.移去表

将学生情况表从班级管理数据库中移出,具体操作步骤如下:

①打开 Db_bjgl 数据库及其设计器窗口。

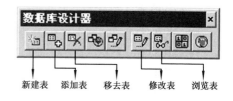

图 3-4   图 3-5

②选择 Xsqk 表,然后单击数据库设计器工具栏的"移去"按钮,弹出提示信息窗口,如图 3-6 所示。

③单击"移去"按钮,可将该表从当前数据库中移出。若单击"删除"按钮,即是从磁盘中删除该表文件,连同其备注文件,索引文件也一同删除。

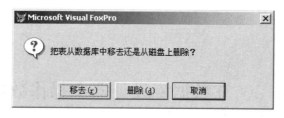

图 3-6

④打开已经移去的 Xsqk 表,并打开它的表设计器窗口,如图 3-7 所示。

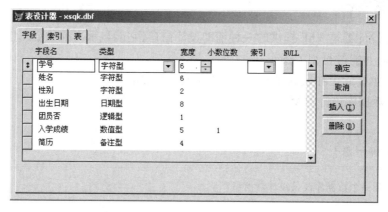

图 3-7

移去表的命令为:Remove Table <表名>或 Drop Table <表名>,前者是从当前数据库中移去表,后者是移去并删除指定的数据库表,也可用于删除自由表。

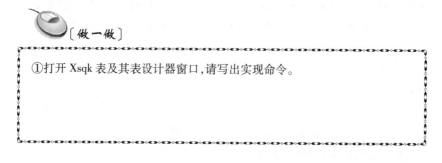
〔做一做〕

①打开 Xsqk 表及其表设计器窗口,请写出实现命令。

②观察图 3-7 和图 2-7 所示的表设计器窗口,简要说明它们的不同点。

凡隶属于某个数据库的表称为数据库表,不属于任何一个数据库的表称为自由表,自由表不能建立主索引,不能建立永久关系。数据库表可移出成为自由表,自由表也可添加到数据库成为数据库表,一个数据表不能同时隶属于多个数据库。

4.添加表

将 Xsqk 自由表添加到班级管理数据库中,只需单击数据库设计器工具栏的"添加"按钮,弹出"打开"对话框,在该对话框中双击 Xsqk 表即可实现添加。添加表的命令为:

Add Table <表名>

〔提 示〕

不能移去建立了永久关系的父表。只能将处于关状态的自由表添加到当前数据库中。

〔想一想〕

能否将一个数据库表移到另外一个数据库中? 如果能,如何实现?

5.修改表

先在数据库设计器窗口中选择表,然后单击数据库设计器工具栏中的"修改表"按钮,打开表设计器窗口,在该窗口中即可实现对表结构的修改操作。

6.浏览表

先在数据库设计器窗口中选择表,然后单击数据库设计器工具栏的"浏览表"按钮,打开浏览窗口。在浏览窗口中,用户可以对记录进行浏览、添加、修改、删除等操作。

(1)定制浏览窗口

浏览或修改数据表记录时,用户可以根据需要定制浏览窗口。

■ 设置网格线

单击"显示"→"网格线"菜单,可以打开或关闭网格线的显示。图 3-8 为无网格线的浏览窗口。

■ 调整行高

将鼠标指针指向记录选择器的第 1 条和第 2 条记录之间,当呈 ✛ 形状时,按住左键拖动到合适的高度即可。在 VFP 中,只能在第 1 行调整行高,它将影响浏览窗口的所有行高。

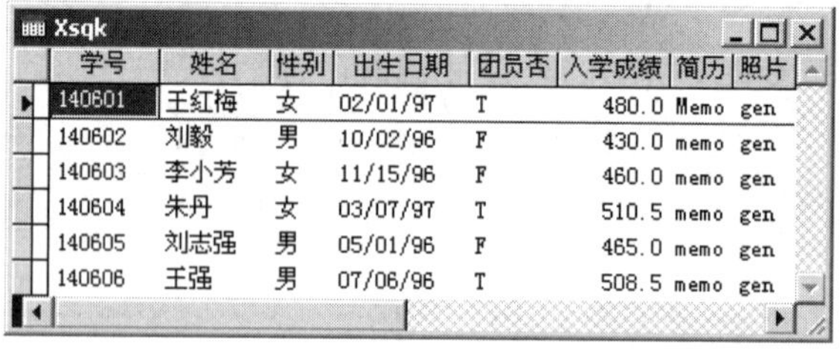

学号	姓名	性别	出生日期	团员否	入学成绩	简历	照片
140601	王红梅	女	02/01/97	T	480.0	Memo	gen
140602	刘毅	男	10/02/96	F	430.0	memo	gen
140603	李小芳	女	11/15/96	F	460.0	memo	gen
140604	朱丹	女	03/07/97	T	510.5	memo	gen
140605	刘志强	男	05/01/96	F	465.0	memo	gen
140606	王强	男	07/06/96	T	508.5	memo	gen

图 3-8

■ 调整列宽

将鼠标指针指向要改变宽度的列标题右边，当呈↔时，按住左键拖动到合适的宽度即可。在 VFP 中，改变某列的宽度不会影响其他列宽。

■ 调整字段顺序

将鼠标指针指到要移动的字段标题处，按住左键不放左右拖动，可调整字段顺序。

■ 筛选显示记录

可用 Browse 命令的 For <条件>子句来筛选浏览窗口的显示记录。

浏览 Xsqk 表中所有男生信息，命令为：

```
Browse For 性别="男"
```

运行结果如图 3-9 所示。

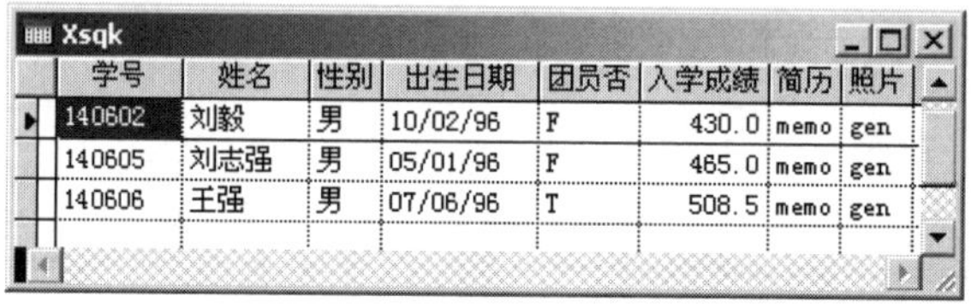

学号	姓名	性别	出生日期	团员否	入学成绩	简历	照片
140602	刘毅	男	10/02/96	F	430.0	memo	gen
140605	刘志强	男	05/01/96	F	465.0	memo	gen
140606	王强	男	07/06/96	T	508.5	memo	gen

图 3-9

■ 指定显示字段

可用 Browse 命令的 Fields <字段名列表>子句来指定浏览窗口的显示字段。

浏览 Xsqk 表中男生的姓名、性别和入学成绩信息，实现命令为：

```
Browse Fields 姓名,性别,入学成绩 For 性别="男"
```

运行结果如图 3-10 所示。

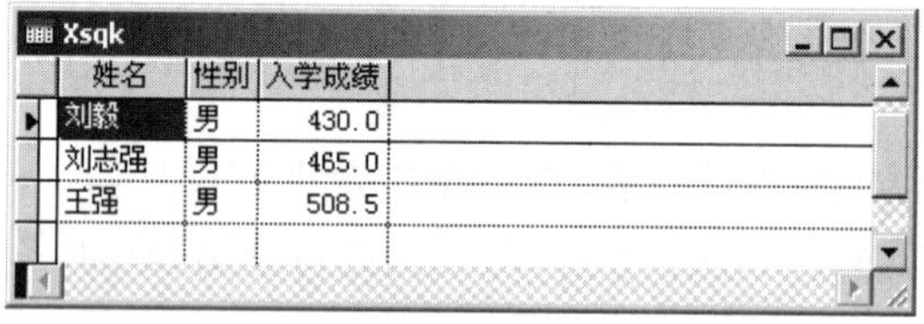

姓名	性别	入学成绩
刘毅	男	430.0
刘志强	男	465.0
王强	男	508.5

图 3-10

(2)分割浏览窗口

在 VFP 中，可以将浏览窗口分割成 2 个不同部分，既可以同时查看一个表的 2 个不同区域，也可以同时在浏览窗口和编辑窗口方式下查看同一条记录。

■ 分割浏览窗口

浏览窗口左下角有一个黑色小方块，称为窗口分割器。拖动分割器至需要的位置释放鼠标，此时浏览窗口被分割成了 2 个分区，如图 3-11 所示。

图 3-11

■ 设置显示方式

光标所在的分区称为活动分区,活动分区中的数据修改后,另一个分区中的数据随之变化,单击某个分区就可将其设置为活动分区。

将图 3-11 右侧的分区设置为活动分区,然后单击"显示"→"编辑"菜单,此时的浏览窗口如图 3-12 所示。

图 3-12

这种显示方式下,通常在浏览窗口的左分区定位记录,在右分区编辑修改记录。

■ 设置链接关系

将浏览窗口设置为 2 个分区后,单击"表"→"链接分区"菜单,可使 2 个分区链接或解除链接。该菜单项前面的"√"标记表示分区处于链接状态,VFP 默认为链接状态。

分区链接时,在一个分区中选定一条记录,另一分区中也会显示该记录。解除链接后,一个分区的选定记录与另一个分区中的显示记录无关。

53

练习与思考

1.将"教学库.dbc"中的"学生表.dbf"移到"Db_bjgl.dbc"中,简述操作步骤,并实作。

2.打开 Xsqk 表的浏览窗口,试定制显示风格。

任务三　追加、删除与批量更新记录

任务概述

在班级管理系统中,学生情况表、学生成绩表建立后,会根据实际情况添加或删除记录,有时也需要有规律地修改表中的全部或部分记录。

本任务将学习追加、删除和批量更新记录。

1.追加记录

除了在浏览或编辑窗口中使用"显示"→"追加方式"菜单追加记录外,也可用Append命令实现追加记录,用 Append From 命令实现从其他表追加记录。

格式 1:Append [Blank]

功能:在数据表的末尾追加记录。

说明:

①执行 Append 命令后,系统自动弹出编辑窗口,等待用户添加记录,如图 3-13 所示。

②执行 Append Blank 命令,不弹出编辑窗口,直接在数据表末尾添加一条空记录,记录指针指到该空记录上。

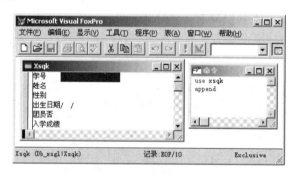

图 3-13

格式 2:Append From<表名>[Fields<字段名表>][For<条件>]

功能:从指定数据表中将指定条件和满足条件的记录追加到当前数据表的末尾。

说明:利用该命令可实现数据表数据的合并,接收数据表必须打开,From 子句指定来源表。

例如:若将高一年级上期成绩表.dbf 中的数据追加到 Xscj.dbf 中,实现命令为:

Use Xscj

      Append From 高一年级上期成绩表

2.删除记录

当数据表中的记录无用或已经过时,就要删除数据表的数据。删除记录一般分为 2 步:首先是逻辑删除,即做删除标记(如图 3-14 所示),以后还可恢复;其次是物理删除,即从表中彻底删除记录。

若要快速逻辑删除某条记录,可在图 3-14 所示的浏览窗口中单击删除标记栏中对应位置。若要逻辑恢复某条记录,单击对应删除标记即可。

图 3-14

图 3-15

(1)菜单方式

物理删除学生情况表中入学成绩在 450 分以下的记录,具体实现步骤如下:

①打开 Xsqk 表及其浏览窗口。

②单击"表"→"删除记录"菜单,打开"删除"对话框,按图 3-15 所示设置后,单击"删除"按钮。

③单击"表"→"彻底删除"菜单。

说明:"作用范围"的列表项及含义如表 3-1 所示。

表 3-1　范围子句说明

范围列表项	含　义
All	所有记录
Next n	从当前记录开始的连续 n 条记录
Record n	记录号为 n 的记录
Rest	从当前记录开始到文件末的所有记录

(2)命令方式

在 VFP 中,对记录的删除和恢复也可由一组命令完成,常用的命令有 Delete、Pack、Recall 和 Zap。

■ Delete 命令

格式:Delete〔<范围>〕〔For <条件>〕

功能:在当前数据表中,将指定范围内满足条件的记录做删除标记。

说明:①〔<范围>〕 用于指定删除记录的范围,如表 3-1 所示。

②〔For<条件>〕 用于指定删除记录的条件。

③若缺省范围、条件子句,则只删除当前记录。

■ Pack 命令

功能:物理删除当前数据表中所有带删除标记的记录。

■ Recall 命令

格式:Recall〔<范围>〕〔For <条件>〕

功能:在当前表的指定范围内,对满足条件的记录进行恢复,即去除删除标记。

■ Zap 命令

功能:把当前表中的全部记录物理删除,只保留表结构。

〔注意〕

Pack、Zap 命令用于永久性删除数据表的记录。记录删除后不能恢复,使用时要格外小心,一般不轻易使用。

【例 3-4】　物理删除学生情况表中入学成绩在 450 分以下的记录。实现命令如下:

```
Use Xsqk
Delete For 入学成绩<450
Pack
```

3.批量更新记录

如果大批量的数据需要替换,一个一个地修改记录就显得太繁琐,利用系统提供的替换命令将使操作变得高效准确。

(1)菜单方式

给学生成绩表增加一个"总分"字段,并统计总分。

具体操作步骤如下:

①打开 Xscj 表的表设计器窗口,增加"总分"字段,总宽度为"5",小数位为"1"。

②打开浏览窗口,单击"表"→"替换字段"菜单,打开图 3-16 所示的对话框。

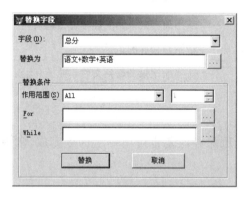

图 3-16

③在"字段"下拉框中选择"总分"字段,在"替换为"框中输入:语文+数学+英语,"作用范围"下拉框中选择"All",然后单击"确定"按钮即可。

(2)命令方式

格式:Replace [<范围>][For<条件>] <字段名 1> With <表达式 1>;

              [,<字段名 2>With <表达式 2>...]

功能:在当前表的指定范围内,对符合条件的记录用表达式的值替换指定字段的值。

说明:①使用该命令,可实现对所有符合条件的记录,按命令指定的方式自动、成批地修改。

        ②若命令中缺省范围、条件时,则只修改当前记录。

【例 3-5】 若用 Replace 统计总分,实现命令为:

Use Xscj

Replace All 总分 With 语文+数学+英语

练习与思考

1.填空题

(1)追加一条空记录的命令是_____。

(2)删除表中部分记录有 2 个步骤:首先是_____,然后是_____

_____。

(3)Delete 命令不带任何子句时的功能为_____。

(4)恢复逻辑删除记录的命令是_____。

(5)Pack 命令是将_____记录从数据表中彻底删除,Zap 命令是将当前表的_____记录物理删除。

2.实作题

(1)将以下学生信息添加到 Xsqk 表中。

140608　徐敬林　男　1996 年 8 月 2 日出生　曾担任学习委员,学科小组长

(2)将 Xscj 表中平均分不及格的记录做删除标记,并写出相应实现命令。

(3)在 Xsqk 表中增加"操行等级"字段,并对所有同学按表 3-2 方式进行操行评定,结果放入该字段中(若无"操行分"字段,请自行添加并给出相应的值)。

对操行分进行等级评定的相应命令为:

表 3-2　操行评定表

操行分	操行等级
90 及以上	优秀
80~90	良好
60~80	合格
60 以下	不合格

_____

_____

_____

_____

任务四　设置数据库表的属性

任务概述

输入学生情况表的记录时,可让 VFP 系统自动进行有效性验证,减少数据校对的工作量。例如:"性别"字段的值只能输入男或女、"入学成绩"字段只能输入数字等。这些属性的设置可在数据库表的表设计器窗口中实现。

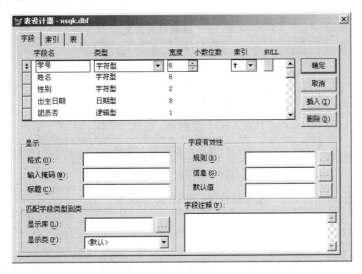

图 3-17

数据库表与自由表最大的区别就是表设计器窗口的变化,数据库表的表设计器窗口比自由表的表设计器窗口有了更多的选项设置,这就是数据库表的属性。

本任务主要学习如何设置数据库表的属性。

1.设置字段属性

打开 Xsqk 数据库表的表设计器窗口,如图 3-17 所示。在表设计器的"字段"选项卡中,可为字段设置属性。

(1)长字段名

长字段名最多允许 128 个字符。如果将数据库表移出成为自由表,则自动截取前 10 个字符。

(2)字段注释

利用字段注释可以更详细地描述每一个字段所代表的含义。

(3)格式

用于输入格式表达式,确定字段值的显示格式。若设置为"!"号,该字段值在浏览窗口中显示时所有的小写字母都转换为大写字母。显示格式符及其含义如表 3-3 所示。

表 3-3　格式符及含义

格式符	含　义
A	只能输入字母 A~Z,a~z
D	日期型,只能使用系统设定的格式
L	将数值前导零显示出来
T	禁止在字符串的前后输入空格
!	小写字母转换为大写字母

(4)输入掩码

用于指定字段的输入格式、数据输入范围,从而控制输入的正确性。掩码符及其含义如表 3-4 表所示。

表 3-4　掩码符及含义

掩码符	含　义
X	可输入任意字符
9	只输入数字和正负号
#	只输入数字、空格和正负号
$	在固定位置显示当前货币符号
.	指定小数点的位置
,	整数部分第三位用","分开

(5)标题

给字段添加一个说明性标题,可以让用户更好地理解字段的含义,增强字段的可读性。在浏览窗口中,标题将显示在字段列标题中。

(6)字段验证

◆　规则　用于设置对字段数据有效性进行检查的规则,是一个条件表达式。

◆ 信息　用于设置出错时的提示信息。当该字段输入违反规则时,显示出错信息窗口。

◆ 默认　用于设置字段的默认值。

【例3-6】　设置 Xsqk 表属性,达到以下要求。

①入学成绩只允许输入数字或小数点,并且在 400 分及以上,否则显示出错信息"入学成绩不低于 400 分"。在浏览窗口中的列标题为"在校生入学成绩"。

②将"操行分"字段的前导零显示出来。

③设置"性别"字段的默认值为"男"。

具体操作步骤如下:

①打开 Xsqk 表及其设计器窗口。

②在"字段"选项卡中,选定"入学成绩"字段,然后按图3-18所示的属性依次设置。

图 3-18

③选定"操行分"字段,在"格式"框中输入:L。

④选定"性别"字段,在"默认值"框中输入:男。

⑤设置完成后,单击"确定"按钮,弹出确认对话框,保存更改即可。

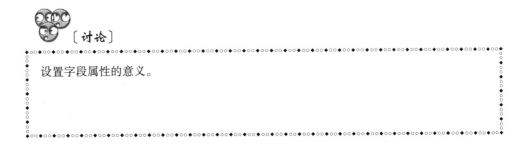

〔讨论〕

設置字段属性的意义。

2.使用记录级有效性检验

在表设计器的"字段"选项卡中,可以为数据表的单个字段设置属性;当同一记录不同字段值之间有一定逻辑关系时,可使用"表"选项卡中的记录有效性来检验。

◆ 规则　用于指定记录有效性检查规则,当光标离开该记录时进行检查。

◆ 信息　用于设置出错时的提示信息。在输入记录时,若与规则不相符,显示出错信息。

【例3-7】　在 Xsqk 表中,输入记录时,应满足入学成绩在 450 分及以上或者是团员,否则弹出错误信息"非团员入学成绩不得低于 450 分"。

具体操作步骤如下:

①打开 Xsqk 表的设计器窗口,切换到"表"选项卡,如图3-19所示。

②在"规则"框中输入:入学成绩> = 450 Or 团员否 =.T.,在"信息"文本框中输入:"非团员入学成绩不得低于 450 分",如图3-20所示。

③单击"确定"按钮。

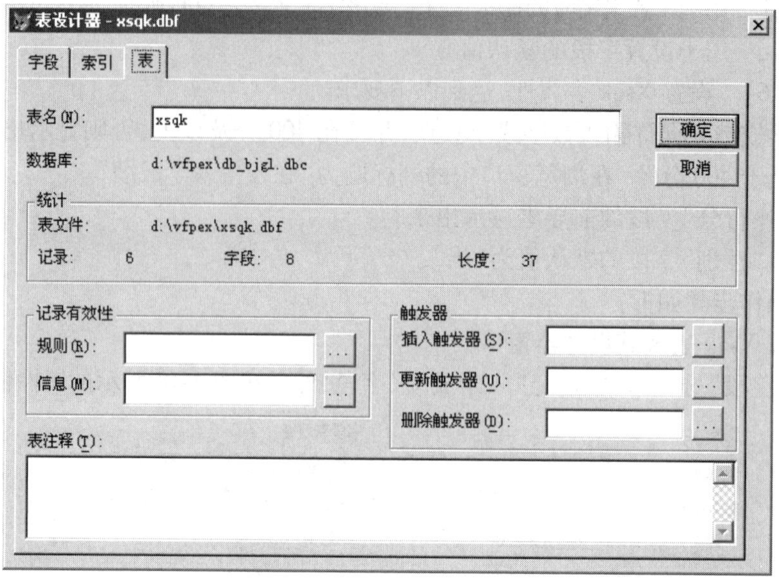

图 3-19

图 3-20

〔讨论〕

（1）设置记录有效性规则有何意义。

（2）设置字段有效性规则和记录有效性规则的区别。

3.使用触发器

表设计器的"表"选项卡中有 3 个触发器,分别用于指定记录在插入、更新、删除时的有效性规则。

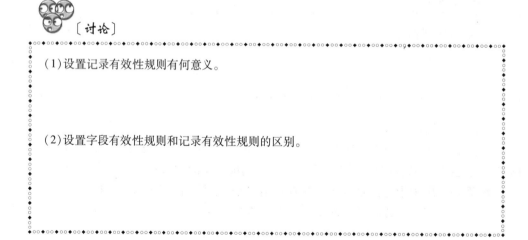

图 3-21

【例 3-8】 对 Xsqk 表操作时,只能插入入学成绩在 400 分及以上的学生记录,不允许修改性别为女记录,不允许删除入学成绩在 450 分及以上的记录。对触发器按图3-21所示依次设置。

〔讨论〕

```
(1)若3个触发器都设置了规则,它们分别在什么时候进行有效性检查?


(2)使用触发器有何意义?


(3)在设置字段有效性规则、记录有效性规则和触发器时,使用的条件能否相互矛盾?
```

练习与思考

1.为教学库的学生表设置如下属性,并上机验证。
(1)"性别"字段只能输入男或女,默认为男。
(2)入学成绩只能在 400~600 分之间。
(3)非团员同学的入学成绩必须在 450 分及以上。
2.为教学库的课程表设置如下属性,并上机验证。
(1)"课程名"字段,禁止前后输入空格。
(2)"课程号"字段中输入的小写字母自动转换为大写字母。
(3)"课时数"只能输入一位数字。
3.为班级管理数据库的学生情况表设置如下触发器,并上机验证。
(1)只允许插入团员记录。
(2)只允许修改前 3 条记录。
(3)只允许删除入学成绩在 450 分以下的记录。

任务五　导入与导出数据

任务概述

在日常工作中,经常会使用各种数据处理工具来记录和保存信息。也许用户想把另一个数据库应用系统中的数据置入 VFP 中,或者将 VFP 中数据应用到其他系统中,以此达到数据共享的目的。

在本任务中,将使用导出功能把学生情况表中数据导出为一个 Excel 文件,然后再将此文件反导入到 VFP 中,作为学生情况表的一个备份。

1.将 Xsqk 表导出为 Excel 文件

具体步骤如下:

①单击"文件"→"导出"菜单,打开图 3 - 22 所示的"导出"对话框。

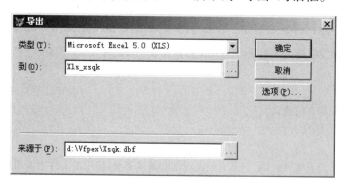

图 3-22

②在"类型"下拉框中选择文件类型:"Microsoft Excel 5.0(XLS) "。

③在"到"框中输入目标文件名,如输入"Xls_xsqk"作为 Excel 文件名。

④在"来源于"框中,输入要导出的源文件名。也可单击右边的"选项"按钮⊡,在"打开"对话框中选中 Xsqk 表即可。

⑤若要限制导出的字段或记录,可单击"选项"按钮,弹出"导出选项"对话框,如图 3-23 所示。

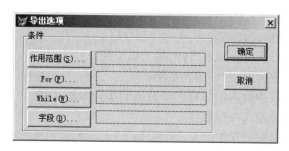

图 3-23

在该对话框中可根据实际需要设置相应的内容,然后单击"确定"按钮退出。

⑥单击图 3-22 中的"确定"按钮,VFP 系统自动将 Xsqk 表中数据导出为 Excel 文件。

⑦启动 Excel 软件,打开 Xls_xsqk 文件,内容如图 3-24 所示。

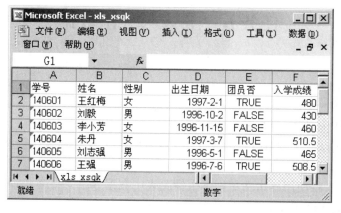

图 3-24

2.将 Excel 文件导入到 VFP 中

利用 VFP 的导入功能可以将一个 Excel 文件导入,创建一个新表或将其内容追加到一个已有的数据表中。

(1)数据识别

单击"文件"→"导入"菜单,弹出"导入"对话框,如图 3-25 所示。单击"导入向导"按钮,启动"导入向导"对话框,如图 3-26 所示。

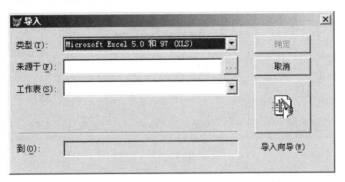

图 3-25

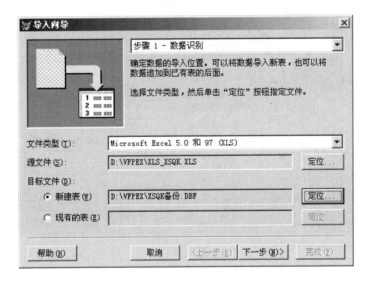

图 3-26

在导入向导的"步骤 1-数据识别"对话框中,做如下设置:

①确定文件类型:在其下拉框中选择"Microsoft Excel 5.0 和 97(XLS)"项。

②定位源文件:单击"定位"按钮,弹出"打开"对话框,选中 Xls_xsqk 文件。

③定位目标文件:使用默认的"新建表"单选项,单击"定位"按钮,弹出"另存为"对话框,输入:Xsqk 备份。

按上述步骤设置好后,单击"下一步"按钮,弹出图 3-27 所示的对话框。

在导入向导的"步骤 1a-选择数据库"对话框中,用户可根据实际情况做出设置,然后单击"下一步"按钮,弹出图 3-28 所示的对话框。

(2)确定生成表的结构和记录的起始位置

导入电子表格数据时,VFP 使用电子表格的第 1 行数据确定新表字段的数据类型,第

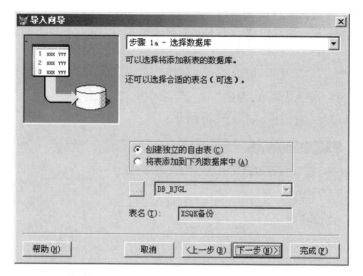

图 3-27

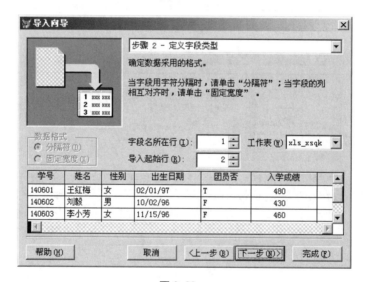

图 3-28

2 行开始为新表的记录内容。

在导入向导的"步骤 2-定义字段类型"对话框中,"字段名所在行"应为"1","导入起始行"应确定为"2"。单击"下一步"按钮,弹出图 3-29 所示的对话框。

(3)定义输入字段

如果电子表格第一行有每列的文字标题,则表中的所有字段都将默认为字符型字段,即使含有数字数据也是如此。

在导入向导的"步骤 3-定义输入字段"对话框中,依次选中表中的每个纵列,可根据实际情况确定字段名称、类型、宽度及小数位数。单击"下一步"按钮,弹出图 3-30 所示的对话框。

(4)指定国际选项

在导入向导的"步骤 3a-指定国际选项"对话框中,可指定货币符号、千分位分隔符等选项。此步采用默认值,单击"下一步"按钮,弹出导入向导的"步骤 4-完成"对话框,单击

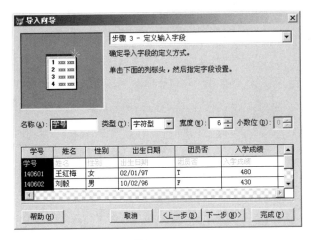

图 3-29

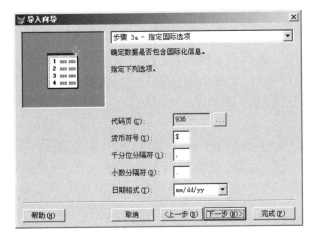

图 3-30

"完成"按钮,即可完成所有的导入工作。

练习与思考

1.将 Xscj 表导出为一个 Excel 文件,文件名为"Xls_xscj.xls",并查看结果。

2.启动 Excel,输入图 3-31 所示的内容,并以 Aaa.xls 作为文件名保存退出,启动 VFP 的"导入"向导,将 Aaa.xls 文件中的记录内容追加到 Xsqk 表中。

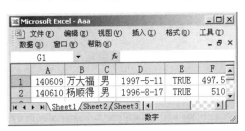

图 3-31

模块四 Mokuaisi

查询数据

　　数据库系统不只是将数据保存在数据表中,而且具有选择性地访问数据库中信息的能力,VFP 使用查询可以实现这一功能。用户可根据实际需要建立查询,查找满足条件的记录,对查询结果进行排序或分组,也可将查询结果输出到浏览窗口或表中。查询将生成一个包含 SQL 语句的查询文件。

　　通过本模块的学习,应达到的具体目标如下:

☐ 掌握常量、变量、运算符与表达式、常用函数等基础

　　知识

☐ 会使用查询向导和查询设计器创建查询

☐ 在查询设计过程中会选择字段、筛选记录、排序和分

　　组、生成计算字段等

☐ 会运行查询并将其结果输出到浏览窗口或表

任务一 查询数据基础

任务概述

本任务主要讲述了在查询数据之前应具备的一些基础知识,只有牢固掌握这些基础知识,才能逐步做到在查询设计过程中灵活应用。

1.常量

常量是指在程序运行过程中,其值不能改变的量。根据数据类型可分为字符型、数值型、货币型、日期型、日期时间型和逻辑型等常量。

◆ 字符型常量 有时也称为字符串,是用单引号、双引号或方括号作定界符的一个有效字符序列。例如:′3.141′、″Visual FoxPro″、[自由表]等都是字符型常量。

若某个定界符是字符串的组成部分,则必须用另一种定界符将其括起来。例如:[He said:″I'm a teacher″]字符串中的单引号和双引号是其组成字符,因此只能用方括号作定界符。

◆ 数值型常量 可以是整数、实数或科学计数法所表示的数。例如:100、12.345和0.34E-10等都是数值型常量。

◆ 货币型常量 以$符号打头,并四舍五入到小数点后4位。例如:$123.456 78四舍五入之后为$123.456 8。

◆ 日期型和日期时间型常量 必须用大括号({})作定界符将其括起来。VFP默认使用严格日期格式,即是按照{^YYYY/MM/DD}格式来表示日期,其间的年月日既可用斜杠(/)间隔,也可用中划线(-)间隔,时分秒用冒号(:)间隔。例如:

{^2012/10/01}为日期型常量,也可表示为{^2012-10- 01}。

{^2012/10/01 10:10:10}为日期时间型常量。

可用Set StrictDate To 0命令设置日期为MDY格式。

【例4-1】 要表示2012年教师节这一日期,有如下2种方法:

①{^2012/09/10}

②若先执行Set StrictDate To 0命令,可表示为{09/10/12}

◆ 逻辑型常量 只有2种值:真与假。真用.T.、.t.、.Y.、.y.表示,假用.F.、.f.、.N.、.n.表示。逻辑型常量两边的小圆点不能省略。

2.变量

变量是指在程序运行过程中,其值可变的量。

(1)变量的分类

变量分为3种:用户内存变量、系统内存变量和字段变量。

◆ 用户内存变量 简称内存变量,用以存储数据处理过程中的常数、中间结果或最终结果。

变量的名字称为变量名。变量命名时,必须以字母、汉字或下划线打头,组成字符可以是字母、汉字、下划线或数字,最多允许有128个字符。

◆ **系统内存变量** 简称系统变量,由 VFP 自动创建和命名。变量名以下划线打头,用于控制外部设备、屏幕输出格式,或处理剪贴、日历等方面的信息。例如:

_PageNo:存储当前页码信息。

_Screen:代表 VFP 主窗口。

◆ **字段变量** 数据表中的每一个字段,随着记录的不同,其取值是可变的,因此,字段也是一种变量,称为字段变量。字段变量的值就是当前记录中对应的字段值。

一般来说,数据表中有多少条记录,一个字段变量就可以取多少个不同的值。

字段变量隶属于数据表,在建立表结构时定义,打开数据表时才生效。

(2)变量的赋值

变量的赋值可使用如下 2 种格式:

格式1:变量名=表达式

功能:将表达式的值赋给指定的变量,一次仅能给一个变量赋值。

格式2:Store <表达式> To <变量名表>

功能:将表达式的值,依次赋给<变量名表>中给出的各个变量,各变量间用逗号分隔。一次能将同一个值赋值给多个变量。

【例4-2】　N=25　　　　　　　　　　&& 一条语句只能给一个变量赋值

　　　　　Store 24 To N1,N2,N3　　&& 一条语句能同时给多个变量赋值

〔想一想〕

如何给字段变量赋值?

(3)变量的输出

若要在 VFP 主窗口工作区中输出变量的值,可使用?|??命令来实现。

格式:?|?? 〔<表达式表>〕

功能:输出表达式的值。?命令在输出时,先换行,再输出,而??则是直接在当前行输出。

说明:<表达式表>中各表达式间用逗号分隔。

【例4-3】　X=23

　　　　　Y=45

　　　　　?X,Y　　&& 在当前光标的下一行输出结果

　　　　　?　　　　&& 仅仅换行,无结果输出

　　　　　Z=67

　　　　　??Z　　　&& 在光标所在的当前行输出结果

〔提示〕

若字段变量与内存变量同名时,默认为对字段变量操作。若要访问内存变量,则采用格式"M->内存变量名"或"M.内存变量名"进行。

3.运算符及表达式

表达式是由常量、变量、函数等操作数通过运算符连接起来而构成的式子。根据运算结果的数据类型,可将表达式分为算术表达式、关系表达式、逻辑表达式、字符表达式和日期表达式。

(1)算术运算符及算术表达式

算术运算的操作数必须是数值,运算结果也是数值。

算术运算符有7种:+(加)、-(减)、*(乘)、/(除)、%(取模)、^或**(乘方)和( )。

运算顺序:括号→乘方→乘、除、取模→加、减,同级运算按从左到右顺序进行。

【例4-4】　?3*4+24　　　　　　　　&& 输出结果为36

　　　　　?3^4+24　　　　　　　　&& 输出结果为105.00

　　　　　?18/3　　　　　　　　　&& 输出结果为6

　　　　　?25%3　　　　　　　　　&& 输出结果为1

(2)关系运算符及关系表达式

关系运算主要用于比较两个表达式值的大小,参与比较的两个操作数的类型必须一致,运算结果为逻辑值。若关系成立,其值为.T.,否则为.F.。

关系运算符有:>、>=、<、>=、<>或#(不等于)、=(相等)和$(包含于)。

运算顺序:关系运算符在运算顺序上没有先后之分,总是先到先算。

关系运算在比较时,数值型数据按数值的大小进行比较,日期型数据按年月日的先后进行比较,字符型数据则逐位比较。

【例4-5】　?12<>13　　　　　　　　　　&& 输出结果为.T.

　　　　　?{^2012/10/01}<{^2012/1/10}　&& 输出结果为.F.

　　　　　?"AB"<"AC"　　　　　　　　　&& 输出结果为.T.

　　　　　?"FOX"$"Visual FoxPro"　　　&& 输出结果为.F.

(3)逻辑运算符及逻辑表达式

逻辑运算的操作数必须是逻辑型的值或表达式,运算结果为逻辑值。

逻辑运算符有:Not 或!(非)、And(与)、Or(或)。

运算顺序:Not → And → Or。

【例4-6】　?Not "ABCD"="ABCE"　　　　&& 输出结果为.T.

　　　　　?3*6<10 And "AD"<"AE"　　 && 输出结果为.F.

　　　　　?3*6>10 Or "AD"<"AE"　　　&& 输出结果为.T.

(4)字符运算符及字符表达式

字符运算符主要实现字符串的连接,其操作数必须是字符型数据,运算结果也是字符型。

字符运算符有:+(完全连接)、-(不完全连接)。

格式:<字符串 1> ±<字符串 2>

功能:"+"表示将 2 个字符串完全连接起来形成一个新的字符串;"−"表示将<字符串 1>末尾的空格先暂时删除,然后将所得字符串与<字符串 2>进行连接,最后将先前切出来的空格置于新形成的字符串的末尾。

【例 4-7】 ?"VFP ⌴⌴⌴⌴"+"6.0"   && ⌴表示空格,输出结果为 VFP ⌴⌴⌴ 6.0

?"VFP ⌴⌴⌴⌴"−"6.0"   && 输出结果为 VFP6.0 ⌴⌴⌴⌴

(5)日期时间表达式

日期型或日期时间型数据只能作加减运算。

日期型数据与数值型数据可以加减,把日期向后或向前推算,所得结果为日期型数据。2 个日期型数据只能相减,得到 2 个日期相差的天数,结果为数值型。

【例 4-8】 Set StrictDate To 0

?{10/01/12}+5   && 输出结果为 10/06/12

?{10/01/12}−{09/01/12}   && 输出结果为   30

[做一做]

① 将 2 个日期时间型数据相减,分析运算结果。

② 将日期时间型数据与数值型数据相加减,分析运算结果。

[总结]

当表达式中有多种不同类型运算符混合运算时,应按如下的优先级次序进行:

(   )→字符运算、日期运算、数值运算→关系运算→逻辑运算

4.常用函数

函数是指一个预先编制好的可供 VFP 程序调用的功能模块。VFP 提供了 200 余种函数,用于支持各种运算,检测系统状态或做出某种判断。函数有函数名、参数和函数值 3 个要素。

格式:函数名([参数表])

根据函数返回值的数据类型的不同,可将函数分为如下几类:

◆ 数学运算函数   如表 4-1 所示,函数应用举例如表 4-2 所示。

表 4-1　数学运算函数表

函数名	功能简述
Int(<数值表达式>)	返回数据表达式的整数部分,不四舍五入
Max(<数值表达式 1>, 　　<数值表达式 2>,…)	对给定的多个表达式的值进行比较,返回其中最大值
Min(<数值表达式 1>, 　　<数值表达式 2>,…)	对给定的多个表达式的值进行比较,返回其中最小值
Round(<数值表达式>,n)	按指定位数 n 对数值表达式的值进行四舍五入
Rand( )	返回介于 0~1 之间的随机数

表 4-2　数学运算函数应用示例

函数示例	运算结果	函数示例	运算结果
Int(21.93)	21	Int(−1.68)	−1
Max(45,78)	78	Max(1,−90)	1
Min(45,78,66)	45	Min(1,−90,60)	−90
Round(2415.19,1)	2415.2	Round(2415.19,−1)	2420
Rand( )	0.85	Rand( )	0.55

◆ 字符运算函数　如表 4-3 所示,函数应用举例如表 4-4 所示。

表 4-3　字符运算函数表

函数名	功能简述
Substr(<字符串>,m[,n])	从 m 位置开始,在字符串中截取长度为 n 的字符串
Len(<字符串>)	返回给定的字符串的长度
Alltrim(<字符串>)	删除字符串的前导和拖尾空格
Space(<数值表达式>)	产生指定数值表达式个空格

表 4-4　字符运算函数应用示例

函数示例	运算结果
Substr("ABCDEFG",4)	"DEFG"
Substr("ABCDEFG",4,2)	"DE"
Len("AB␣␣EFG")	7(不包括定界符)
Alltrim("␣␣BC␣")	"BC"
"中"+Space(2)+"国"	"中␣␣国"

◆ 日期时间运算函数　如表4-5所示,函数应用举例如表4-6所示。

表4-5　日期时间运算函数表

函数名	功能简述
Date( )	以当前设定的日期格式返回系统的当前日期(日期型)
Time( )	以 HH:MM:SS 格式返回系统的当前时间(字符型)
Year(<日期表达式>)	根据给定的日期返回其年份(数值型)
Month(<日期表达式>)	根据给定的日期返回其月份(数值型)
Day(<日期表达式>)	根据给定的日期返回是该月的第几天(数值型)

表4-6　日期时间运算函数应用示例

函数示例	运算结果
Date( )	{^2012-10-01}(当前系统日期)
Time( )	"12:30:30"
Year(Date( ))	2012
Month(Date( ))	10
Day(Date( ))	1

◆ 类型转换运算函数　如表4-7所示,函数应用举例如表4-8所示。

表4-7　类型转换函数表

函数名	功能简述
Val(<字符串>)	将数字字符串转换成数值,当遇到非数字字符时,转换终止
Str(<数值表达式>,m[,n])	将数值表达式转换为长度为 m,小数位为 n 的字符串
CtoD(<字符串>)	将具有日期格式的字符串转换为日期型数据
DtoS(<日期表达式>)	将指定的日期表达式转换为"YYYYMMDD"格式的字符串

表4-8　类型转换函数应用示例

函数示例	运算结果
Val("12P")+Val("13")	25.00(数值型)
Str(128.456,10,4)	" 128.4560"(字符型)
Str(3.64,5)	" 4"(字符型)
CtoD("10/01/12")	{^2012-10-01}(日期型)
DtoS(CtoD("10/01/12"))	"20121001"(字符型)

◆ 文件测试函数 File( )

格式:File("<路径\文件名>")

功能:检查指定路径上的文件是否存在。若存在,返回值为.T.,否则为.F.。

【例4-9】 若要检查 VFP 的默认目录中是否存在 Xsqk.dbf 表,实现命令为:

File("Xsqk.dbf")

◆ 注释语句

格式1: * |Note 注释文字

格式2:&& 注释文字

说明: * |Note 为行注释语句,所注释的内容占用一行。&& 为尾注释语句,只能用在语句行之后,对该条语句进行说明。

练习与思考

1.VFP 默认使用严格日期格式,若要使用 MDY 格式,则需执行的命令是_____
_____。

2.若表达式中有多种运算符混合运算时,则应执行的优先次序为:_____
_____。

3.算术表达式的结果数据类型为_____,字符表达式的结果数据类型为
_____,关系表达式和逻辑表达式的结果数据类型为_____。

4.将表达式 $5y^3+7x$ 写成计算机能识别的算术表达式_____。

5.设 X=[10+2],执行?X 命令后,屏幕将显示(　　)。

　　A.12.00　　　　　　　　　　B.12

　　C.10+2　　　　　　　　　　D.[10+2]

6.假定 X=5,Y='10',下列表达式正确的是(　　)。

　　A.Not X>=Y　　　　　　　　B.Y * 2>10

　　C.Str(X)-Y　　　　　　　　D.Val(X)+Y

7.下列表达式中,其值是数值型的是(　　)。

　　A.'2012'-'2011'　　　　　　B.300+400=700

　　C.CtoD([10/01/12])-10　　D.Len(Space(1)-"1")

8.执行以下命令后,输出结果为(　　)。

　　姓名='张夏辉'+'王飞'

　　?Substr(姓名,3,6)

　　A.张夏辉　　　　　　　　　　B.夏辉+

　　C.夏辉王　　　　　　　　　　D.姓名

任务二 使用查询向导创建查询

任务概述

用户在很多情况下都需要建立查询。例如：在学生情况表中搜索入学成绩在 460 分以上的男生记录、查询男女同学的语文成绩统计值等。无论什么需要，建立查询的过程基本相同。当确定了要查询的内容，以及在哪些表中查询之后，可通过以下几个步骤创建查询。

①使用查询向导或查询设计器开始创建查询。

②指定要查询的数据表。

③选择在查询结果中要出现的字段。

④指定查询条件来筛选所需记录。

⑤设置排序或分组来组织查询结果。

⑥保存与运行查询。

⑦设置查询结果的输出方式。

在本任务中，将利用查询向导在学生情况表中查询出入学成绩在 460 分以上的所有男生记录，并按入学成绩升序输出，查询文件名为"Qry1.qpr"，最后将查询结果输出到 Table1 表中，其查询结果如图 4-1 所示。

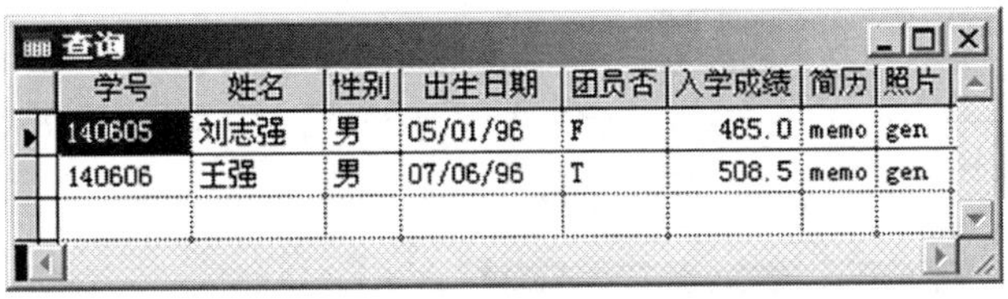

学号	姓名	性别	出生日期	团员否	入学成绩	简历	照片
140605	刘志强	男	05/01/96	F	465.0	memo	gen
140606	王强	男	07/06/96	T	508.5	memo	gen

图 4-1

1.设计查询

可从以下 5 个方面设计本任务的查询。

(1)选择查询文件制作方法

创建查询都可以使用查询向导，向导将询问一系列问题并根据回答来创建简单的查询文件。用户也可以使用查询设计器来创建复杂的查询。除此之外，还可以使用 SQL-Select 语句来查询记录，这将在模块六的任务二中描述。

本任务所选择的查询文件制作方法是( )。

A.查询向导　　　　B.查询设计器　　　　C. SQL-Select

（2）确定数据源

数据源指明查询的数据来源，可以是数据表等。在设计一个查询之前，首先应确定用哪些数据源来创建查询。

完成本任务的查询，应选择的数据源是＿＿＿＿＿＿＿＿＿＿＿＿＿＿＿＿＿。

（3）选择在查询结果中要出现的字段

要在学生情况表中查询出所有记录信息，应选择的字段是＿＿＿＿＿＿＿＿＿＿＿。

（4）指定查询条件来筛选所需记录

要查询入学成绩在 460 分以上的男生记录，应设置的查询条件是＿＿＿＿＿＿＿＿

＿＿＿＿＿＿＿。

（5）排序查询结果

按入学成绩升序输出查询结果，选择的排序字段是＿＿＿＿＿＿＿＿＿＿＿＿。

2.启动查询向导开始创建查询

具体操作系统如下：

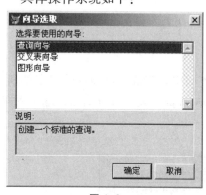

图 4-2

①单击"文件"→"新建"菜单，在弹出"新建"对话框中，选择"查询"单选项，然后单击"向导"按钮。弹出"向导选取"对话框，如图 4-2 所示。

②选取"查询向导"项，单击"确定"按钮，进入查询向导"步骤 1-字段选取"对话框，如图 4-3 所示。

3.选择在查询结果中要出现的字段

在查询向导步骤 1 中，为查询选取字段，加入到"选定字段"框中的字段即是为查询选择的字段。

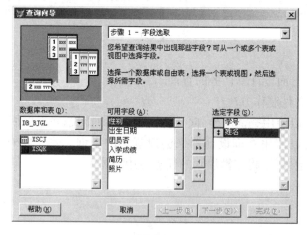

图 4-3

〔想一想〕

在图4-3中,若要设置以下内容,如何实现?
① 选择其他的数据库和表:_____。
② 为查询添加或移去字段:_____。
③ 调整选定字段的顺序:_____。

选择 Xsqk 表的所有字段,单击"下一步"按钮,进入查询向导"步骤3-筛选记录"对话框,如图4-4所示。

4.指定查询条件来筛选所需记录

在查询向导步骤3中,为查询指定筛选条件。在"字段"下拉框中选择字段,在"操作符"下拉框中选择运算符,在"值"文本框中输入具体的值。如果有2个条件,需要确定它们之间的连接方式。

〔想一想〕

在图4-4中,2个条件间可用"与"连接,也可用"或"连接,其意义分别是什么?
① 与:_____。
② 或:_____。

按图4-4所示设置好查询条件后,单击"下一步"按钮,进入查询向导"步骤4-排序记录"对话框,如图4-5所示。

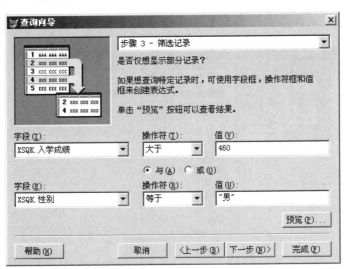

图4-4

5.排序查询结果

在查询向导步骤4中,选择排序字段,指明查询结果排序的依据。

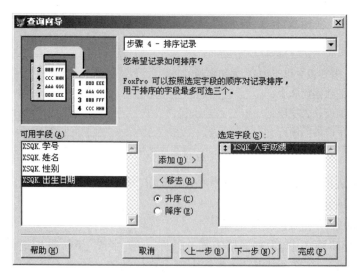

图 4- 5

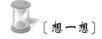〔想一想〕

①在图 4- 5 中,如何添加一个排序字段并设置为升序或降序?

②如果添加了多个排序字段,查询结果如何排序?

选择"入学成绩"字段的升序排序后,单击"下一步"按钮,进入向导"步骤 4a-限制记录"对话框,如图 4- 6 所示。

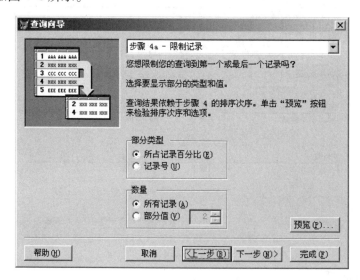

图 4-6

在查询向导步骤 4a 中,可以从"部分类型"和"数量"两个角度来确定查询结果中所包含的记录数。默认情况下是显示符合条件的全部记录。

〔想一想〕

在图4-6中，要做如下设置，如何实现？
①只显示入学成绩的前 3 名：_____。
②只显示查询结果的前 30%：_____。

取默认设置，单击"下一步"按钮，进入向导"步骤5-完成"对话框，如图4-7所示。

6.保存查询

在报表向导步骤 5 中，可以选取完成后的执行方式。

图 4-7

单击"预览"按钮，查询结果如图 4-1 所示，然后关闭预览窗口返回。

选择"保存查询"单选项，然后单击"完成"按钮，弹出"另存为"对话框，以"Qry1"作为查询文件名保存到 D 盘的 Vfpex 目录中，然后单击"保存"按钮即可。查询文件扩展名为".qpr"。

7.打开查询文件

单击"文件"→"打开"菜单，弹出"打开"对话框。在"文件类型"下拉框中选择"查询"项，双击 Qry1 查询文件，打开查询设计器窗口，如图 4-8 所示。

在查询设计器窗口中，可对查询做进一步的修改和完善。每做一步操作，都可单击常用工具栏的"运行"按钮 来运行查询，观察查询结果是否达到设计要求。

图 4-8

〔想一想〕

查询设计器的各个选项卡依次对应了查询向导的哪个图示?

①"字段"选项卡:＿＿＿＿＿＿＿＿＿＿＿＿＿＿＿＿＿＿＿＿＿。

②"筛选"选项卡:＿＿＿＿＿＿＿＿＿＿＿＿＿＿＿＿＿＿＿＿＿。

③"排序依据"选项卡:＿＿＿＿＿＿＿＿＿＿＿＿＿＿＿＿＿＿＿。

④"杂项"选项卡:＿＿＿＿＿＿＿＿＿＿＿＿＿＿＿＿＿＿＿＿＿。

8.设置查询结果的输出方式

若运行查询,其结果默认输出到"浏览"窗口。该窗口中的数据是临时的、只读的,存放在内存中,一旦关闭"浏览"窗口,将自动删除。如果用户希望将查询结果保留一段时间,可以为查询结果选择输出的目的地。

选择"查询"→"查询去向"菜单,弹出"查询去向"对话框,在该对话框中可以选择查询结果输出去向。图 4-9 是单击了"表"按钮后所显示的"查询去向"对话框。

图 4-9

若将本任务的查询结果输出到表,则应在"查询去向"对话框中单击"表"按钮,然后在"表名"框中输入:Table1,单击"确定"按钮即可完成设置。

〔提示〕

设置查询去向后,需要再次运行查询,其查询结果才会输出到相应的目的地。

练习与思考

1.创建查询主要有_____、_____和_____ 3 种方法。

2.下列对查询的描述,正确的是(　　　)。

  A.只能由自由表创建查询　　　　　　B.不能由自由表创建查询

  C.只能由数据库表创建查询　　　　　D.可以由各种数据表创建查询

3.利用查询设计器创建查询时,正确的操作步骤是(　　　)。

  ①选择要在查询结果中出现的字段

  ②保存查询

  ③指定排序字段及排序方式

  ④选择要查询的数据表

  A.④→③→①→②　　　　　　　　　B.③→④→①→②

  C.④→①→③→②　　　　　　　　　D.④→③→②→①

4.以下不能作为查询输出目标的是(　　　)。

  A.临时表　　　　　　　　　　　　　B.视图

  C.标签　　　　　　　　　　　　　　D.图形

5.实作题

  (1)在学生成绩表中查询出数学及格的所有记录信息。

  (2)在学生成绩表中查询出总分前 3 名的学生记录信息。

  (3)利用查询设计器创建本任务的查询。

任务三　使用查询设计器创建查询

任务概述

除了用查询向导以交互的方式创建查询外,用户还可以使用查询设计器来创建各种查询。

本任务主要学习查询设计器选项卡的使用,并在学生情况表中查询出如下信息:

①姓"王"的记录。

②入学成绩介于 $450 \sim 500$ 分的记录。

③按入学成绩降序排序记录。

④男女同学入学成绩最高分。

图 4-10

⑤入学成绩前 3 名的记录。

1.启动查询设计器

启动查询设计器的方法是：单击"文件"→"新建"菜单，弹出"新建"对话框，选中"查询"单选项，然后单击"新建文件"按钮。

如果在启动查询设计器之前没有打开数据库，VFP 则会显示"打开"对话框，要求用户选择数据表。选取 D 盘 Vfpex 目录下的 Xsqk 表后，显示"添加表或视图"对话框，如图 4-10 所示。

〔想一想〕

在图 4-10 中，若要设置以下内容，如何实现？

①为查询添加数据源：_____。

②为查询添加其他数据源：_____。

③选择其他数据库：_____。

添加 Xsqk 表后的查询设计器窗口如图 4-11 所示，同时弹出图 4-12 所示的查询设计器工具栏。通过查询设计器工具栏，可以非常方便地控制查询设计器窗口的相关操作，也可以通过图 4-11 中所示的快捷菜单来实现。

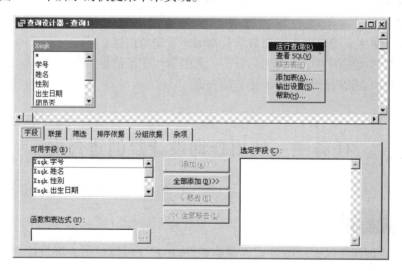

图 4-11

查询设计器窗口由上、下两部分组成，上半部分用于指定查询的数据源；下半部分由多个选项卡组成，各个选项卡的名称对应了查询设计的相关操作。

2.选择字段

查询设计器的"字段"选项卡用于为查询选择字段。"可用字段"框中列出了数据源中的所有字段，可通过中间的 4 个功能按钮将部分字段或全部字段添加到"选定字段"框中,然后使用每个字段左边的移动按钮调整顺序。

图 4-12

为查询选择字段,还有如下一些快捷方法:

◆ 双击一个字段。
◆ 双击表中" ＊ "添加所有字段。
◆ 按住 Ctrl 键单击多个字段,然后拖动。

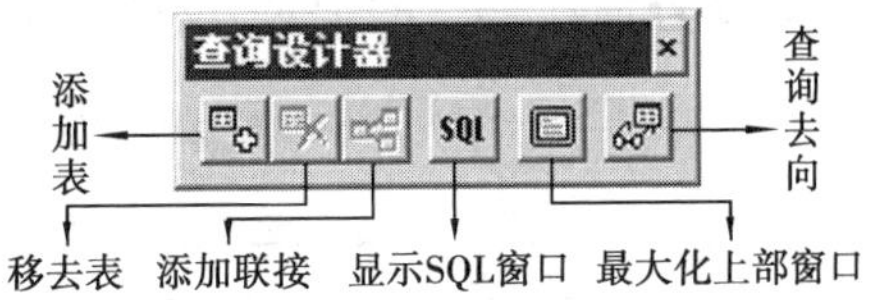

若要查询学生情况表中所有字段信息,则应在本查询中添加全部字段。

3.设置筛选条件

查询设计器的"筛选"选项卡用于为查询设置筛选条件。在"字段名"下拉框中选择字段,在"条件"下拉框中选择运算符,在"值"框中输入具体的值。如果有 2 个条件,还需在"逻辑"下拉框中选择逻辑关系。

"条件"下拉框中的比较运算符的含义如表 4-9 所示。

表 4-9　比较运算符及含义

操作符	含　义	实　例
=	指定字段等于实例文本的值	=480 筛选出字段值等于 480 的记录
Like	指定字段包含与实例文本相匹配的字符,常使用如下 2 个通配符: %(百分号)代表任意数量的任意字符 _(下划线)代表一个汉字或一个英文字符	Like "%强" 筛选出字段值中以"强"字结尾的记录 Like "_强" 筛选出字段值中第 2 个汉字为"强"的记录
==	指定字段与实例文本必须完全匹配	=="李　宾" 筛选出字段值中为"李　宾"的记录,而非"李宾"
>	指定字段大于实例文本的值	>60 筛选出字段值大于 60 的记录
<	指定字段小于实例文本的值	<60 筛选出字段值小于 60 的记录
>=	指定字段大于等于实例文本的值	>=60 筛选出字段值大于等于 60 的记录
<=	指定字段小于等于实例文本的值	<=60 筛选出字段值小于等于 60 的记录
Is Null	指定字段包含 Null 值	Xscj.英语 Is Null 筛选出英语字段值中有 Null 的记录
Between	指定字段大于等于实例文本中的低值并小于等于实例文本中的高值	Between 50 ,70 筛选出字段值介于 50~70 的记录
In	指定字段与实例文本中逗号分隔的几个样本中的一个相匹配	In "党员","团员" 筛选出字段值为党员或团员的记录

若要查询姓"王"的记录,设置的筛选条件如图4-13所示,其查询结果如图4-14所示。

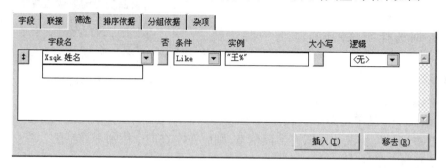

图 4-13

图 4-14

若要查询入学成绩介于450~500分的记录,设置的筛选条件如图4-15所示,其查询结果如图4-16所示。

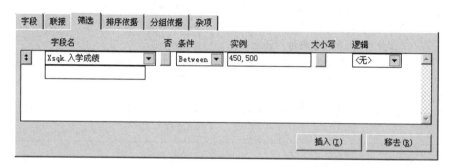

图 4-15

图 4-16

〔想一想〕

①若将图 4-13 中的条件改为:姓名 Like"王_",查询结果是什么?

②若要同时满足以上 2 个条件,如何设置?

③如何删除筛选条件?

4.设置排序依据

查询设计器的"排序依据"选项卡用于为查询结果排序。"可用字段"框中包含了查询中的字段,可通过中间的 2 个功能按钮将一个字段或多个字段添加到"排序条件"框中。

当有多个排序字段时,先按第一字段排序,对于值相同的记录再按第二字段排序,其余依次类推。对于每个排序字段,还可以在"排序选项"框中选择升序或降序。

若按入学成绩降序排序,设置"入学成绩"排序字段后的查询设计器窗口如图 4-17 所示。若移去了"条件"选项卡中的所有筛选条件,其查询结果如图 4-18 所示。

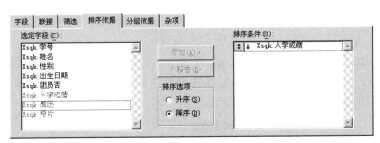

图 4-17

图 4-18

5.设置分组依据

查询设计器的"分组依据"选项卡用于为查询结果分组。添加到"选定字段"中的字段即为分组的字段,查询分组后,VFP 自动将数据表中分组字段相同的记录合并成一条记录。

若要查询男女同学入学成绩最高分,使用 max( ) 函数取最大值(详见任务四 创建分组统计查询），并按"性别"字段分组，添加分组字段后的查询设计器窗口如图4-19所示，其查询结果如图4-20所示。

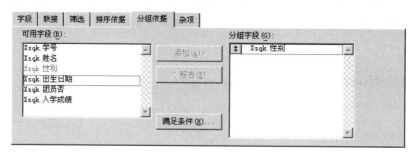

图 4-19

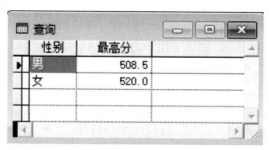

图 4-20

6.设置杂项

在 VFP 的默认状态下，满足查询的全部数据都会显示出来，若只想显示部分记录，则可通过设置查询设计器的"杂项"选项卡来实现。

若要查询出入学成绩前 3 名的记录，则在"杂项"选项卡中去除"全部"复选框的选中状态，将"记录个数"框中的值改为 3，如此设置好的查询设计器窗口如图 4-21 所示，删除分组设置后的查询结果如图 4-22 所示。

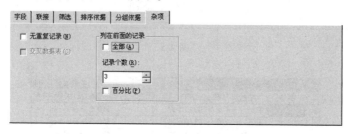

图 4-21

图 4-22

【小结】

请在表 4-10 中小结出查询设计器各个选项卡的作用。

表 4-10 查询设计器选项卡小结表

选项卡	作 用
字段	
筛选	
排序依据	
分组依据	
杂项	

练习与思考

1."条件"选项卡的"逻辑"下拉框中的 And 和 Or 特指在查询数据表中记录时,出现_____个筛选条件时进行逻辑运算操作。

2.查询文件的扩展名是_____。

3.在"添加表和视图"对话框中,"其他"按钮的作用让用户选择( )。

    A.数据库表   B.自由表

    C.不属于数据库的表   D.查询

4.建立查询后,可以从表中提取符合条件的记录,( )。

    A.但不能修改记录   B.同时又能更新数据

    C.但不能设定输出字段   D.同时可修改记录,但不能写回源表

5.实作题

    (1)在 Xscj 表中查询出语文成绩最高分、最低分的记录。(需建立两个查询)

    (2)在 Xscj 表中查询出总分前 3 名和最后 3 名的记录。(需建立两个查询,总分由表达式"语文+数学+英语 as 总分"生成)

任务四　创建分组统计查询

任务概述

在本任务中,将利用查询设计器创建男女同学的语文成绩统计值的查询,查询文件名为 Qry2.qpr,查询结果如图 4- 23 所示。

1.设置表间联接条件

(1)认识联接类型

查询可以从多个表中获取数据。例如:在创建本任务的查询中,"性别"字段来自学

87

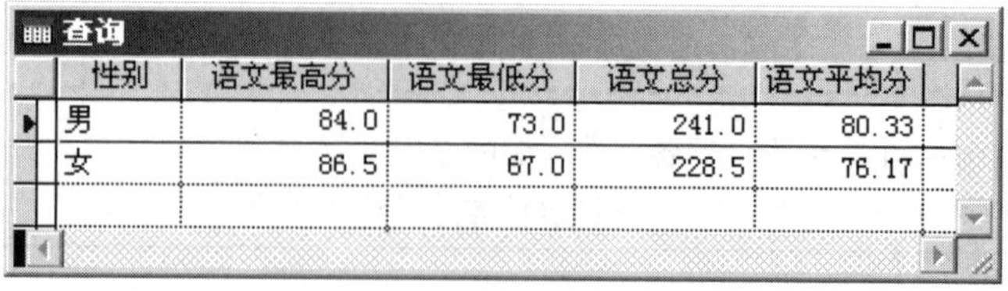

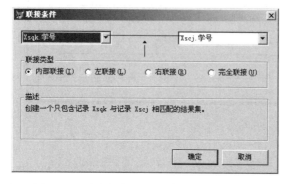

图 4-23

图 4-24

生情况表,"语文"来自学生成绩表,这就需要从 2 个表中获取数据。当向查询添加多个表或视图后,VFP 弹出图 4-24 所示的"联接条件"对话框,根据匹配的字段选择一个合适的联接类型。

在"联接条件"对话框中,左边的列表框称为左字段列表,右边的称为右字段列表。VFP 提供了 4 种联接类型。

◆ 内部联接　在查询结果中,只列出左字段与右字段列表相匹配的记录。在实际应用中,一般采用此联接类型。

◆ 左联接　在查询结果中,列出左字段列表中的所有记录,以及右字段列表中满足联接条件的记录。

◆ 右联接　在查询结果中,列出右字段列表中的所有记录,以及左字段列表中满足联接条件的记录。

◆ 完全联接　在查询结果中,列出两个表中的所有记录,不管是否满足联接条件。

〔做一做〕

若 A1 表和 A2 表的记录内容分别如表 4-11 和表 4-12 所示,若将它们建立多表联接,根据下列各图的查询结果,请写出相应的联接类型。

图 4-25 的联接类型是:＿＿＿＿＿＿＿＿＿＿＿＿＿＿。

图 4-26 的联接类型是:＿＿＿＿＿＿＿＿＿＿＿＿＿＿。

图 4-27 的联接类型是:＿＿＿＿＿＿＿＿＿＿＿＿＿＿。

图 4-28 的联接类型是:＿＿＿＿＿＿＿＿＿＿＿＿＿＿。

表 4-11　A1 数据表

学号	姓名
140601	王红梅
140602	刘毅
000000	000000

表 4-12　A2 数据表

学号	语文
140601	67.0
140602	84.0
111111	11.11

图 4-25

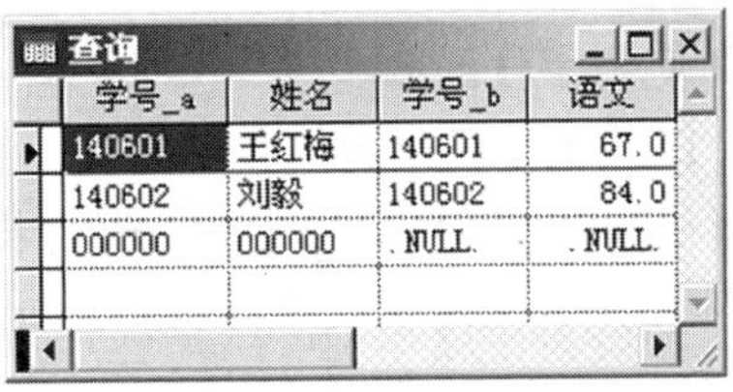

图 4-26

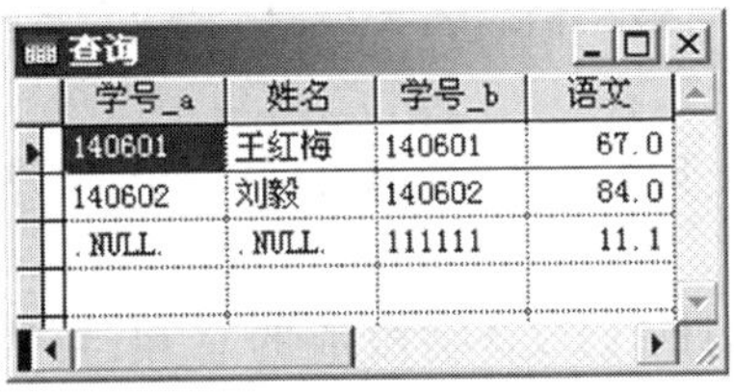

图 4-27

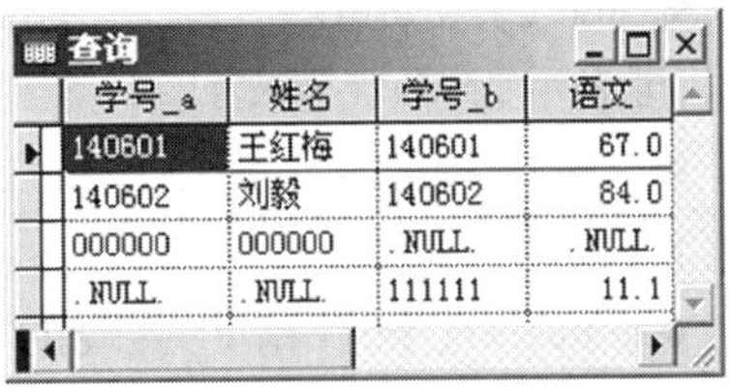

图 4-28

（2）开始创建查询并选择数据源

启动查询设计器，弹出"添加表或视图"对话框，依次添加学生情况表和学生成绩表后，弹出图 4-24 所示的"联接条件"对话框，取默认的"内部联接"类型，然后单击"确定"按钮。

为本任务的查询选择好数据源后，查询设计器的"联接"选项卡窗口如图 4-29 所示。

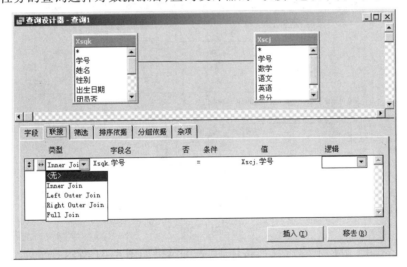

图 4-29

〔想一想〕

在图 4-29 中，若要对多表间的联接条件作如下修改，如何实现？

①选择其他联接类型：_____。

②改变表间联接条件：_____。

③删除表间联接：_____。

2.使用字段函数

（1）认识字段函数

利用查询设计器的"字段"选项卡中的"函数和表达式"框可以输入一个表达式,通常使用字段函数来对某些字段进行统计操作,主要有如下字段函数：

◆ Count( )　统计指定字段的记录数。可以使用" * "对所有的字段进行统计,即 Count(*)。

◆ Max( )与 Min( )　统计指定字段的最大值与最小值。若要统计"语文"字段的最大值,可表示为 Max(语文)。

◆ Avg( )　统计指定字段的平均值。若要统计"语文"字段的平均值,可表示为 Avg(语文)。

◆ Sum( )　统计指定字段的总和。若要统计"语文"字段值的总和,可表示为 Sum(语文)。

（2）统计"语文"字段值

若要统计本任务的"语文"字段值,具体操作步骤如下：

①在查询设计器窗口中,单击"字段"选项卡。

②在"函数和表达式"框中输入：Max(语文),然后单击"添加"按钮。

③类似上步操作,依次将"语文"字段的最小值、总和及平均值的统计表达式加入到"选定字段"框中,如此设置后的查询设计器窗口如图 4-30 所示。

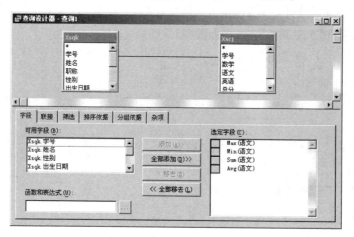

图 4-30

④单击常用工具栏上的"运行"按钮,其查询结果如图 4-31 所示。

图 4-31

（3）改变查询结果的行标题

默认情况下统计结果的行标题的格式为：函数名+下划线+字段名。可使用 As 来改变行标题，即是在"函数和表达式"框中改为"函数表达式 As 行标题"格式输入。

移去"选定字段"框中的所有表达式，在"函数和表达式"框中按如下格式依次输入语文字段的各个统计表达式，然后加入到"选定字段"框中。

Max(语文) As 语文最高分

Min(语文) As 语文最低分

Sum(语文) As 语文总分

Avg(语文) As 语文平均分

设置好后运行查询，其结果如图 4-32 所示。

语文最高分	语文最低分	语文总分	语文平均分
86.5	67.0	469.5	78.25

图 4-32

〔看一看〕

观察图 4-32 所示的查询结果，达到本任务的设计要求了吗？＿＿＿＿＿＿＿＿。

3.查询结果分组

本任务要统计不同性别的语文成绩统计值，这就需要按性别分组，然后按男、女分别统计语文成绩的最高分、最低分、总分和平均分。

若在本任务中按性别分组，具体实现步骤如下：

①在查询设计器中，单击"分组依据"选项卡。

②将"性别"字段从"可用字段"框加入到"分组字段"框中，即可实现按性别分组，如图 4-33 所示。

③单击"运行"按钮，其查询结果如图 4-23 所示。

〔提示〕

若将表中某字段设置成分组依据后，则它自动成为查询结果的字段。

4.查看 SQL 语句

若本任务的查询设计器为活动窗口，选择"查询"→"查看 SQL"菜单，或在查询设计器工具栏上单击"显示 SQL 窗口"按钮，都可查看查询设计器生成的 SQL 语句，如图 4-34 所示。

SQL 语句显示在一个只读窗口中，可将其复制到命令窗口或程序中。

由此可以看出：用户使用查询设计器创建查询的实质就是使用 SQL-Select 语句。

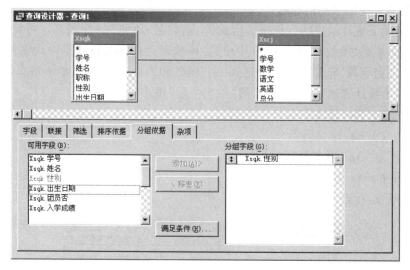

图 4- 33

图 4- 34

关闭查询设计器窗口,弹出"另存为"对话框,以"Qry2"作为查询文件名保存到 D 盘的 Vfpex 目录中,然后单击"保存"按钮即可。

练习与思考

1.多表查询时,VFP 默认的联接类型是_____。

2.在查询设计中,若要查询出符合指定条件的记录数,则应使用函数(　　　　)。

    A.Sum( )　　　　　　　　　　B.Count( )

    C.Max( )　　　　　　　　　　 D.Avg( )

3.查询文件中保存的是(　　　　)。

    A.SQL 语句　　　　　　　　　B.查询结果

    C.查询基表　　　　　　　　　D.查询条件

4.查询两表中的所有记录,应选择(　　　　)类型。

    A.内部联接　　　　　　　　　B.左联接

    C.右联接　　　　　　　　　　D.完全联接

5.实作题

(1)在 Xsqk 表和 Xscj 表中查询出团员和非团员的语文成绩的平均分。

(2)在 Xscj 表中查询出语文成绩的各个分数段的人数。(自定分数段)

(3)在 Xsqk 表和 Xscj 表中查询出总分第 1 名的男女同学记录。(需建立两个查询)

模块五 *Mokuaiwu*

输出数据

在数据库系统中，除了需要为用户提供各种数据的存储、维护和查询外，还需将数据打印输出，VFP 使用报表来实现。

设计报表的目的是将数据按设计的格式打印输出，它是应用程序设计中的一个重要环节。虽然报表中的数据形式多样，内容也千变万化，但通过 VFP 提供的报表工具，可以轻松地设计出满足各种需求的报表。

通过本模块的学习，应达到的具体目标如下：

☐ 理解报表的设计步骤

☐ 会使用报表向导、快速报表或报表设计器创建报表布

　　局文件

☐ 会预览和打印报表

☐ 会设计报表带区并灵活使用控件

任务一　使用报表向导创建报表

任务概述

使用报表向导可以很方便地创建报表,多数情况能满足用户需求,其设计主要有如下3个步骤:

①规划报表;

②创建报表布局文件;

③预览和打印报表。

本任务将为学生成绩表建立一个按"总分"字段降序排列的学生成绩降序报表,文件名为"Rpt1.frx",预览结果如图5-1所示。

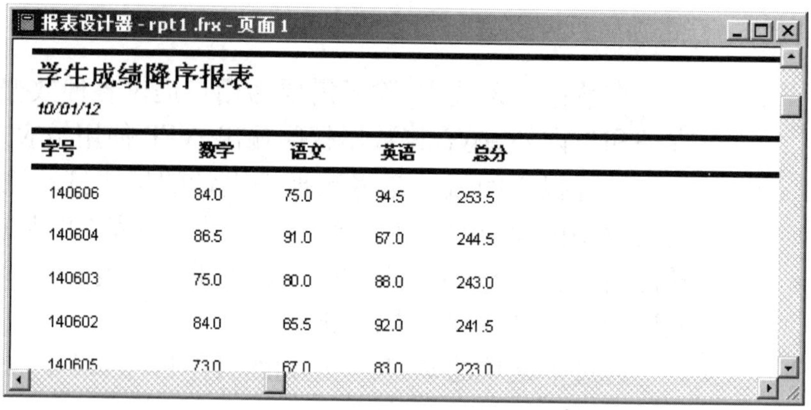

图 5-1

1.设计报表

报表包括2个基本组成部分,即数据源和布局。可从以下4个方面设计报表:

(1)确定数据源

数据源指明了报表的数据来源,可以是数据表或临时表。在设计一个报表之前,首先应确定数据源。

若创建学生成绩降序报表,应选择的数据源是＿＿＿＿＿＿＿＿。

(2)规划报表样式

报表的布局定义报表的打印样式,即各个字段值打印输出布局方式。

 [试一试]

除了图 5-1 所示的报表样式外,试在下面空白处写出其他设计样式。

VFP 提供了多种报表类型,最主要的 3 种如表 5-1 所示。

表 5-1 报表类型说明表

布局类型	报表风格	说 明
列报表		每行一条记录,每条记录的字段在页面上按水平方向放置,显示风格类似于浏览窗口
行报表		每列一条记录,每条记录的字段在页面上按垂直方向放置,显示风格类似于编辑窗口
一对多报表		用于一对多关系

若为学生成绩表创建图 5-1 所示的报表,应选择的类型是_____。

(3)选择报表布局文件制作方法

明确要创建的报表样式后,可通过报表向导、快速报表或报表设计器 3 种方法来创建报表布局文件。在定制报表布局文件过程中,可适时预览每一步的操作结果是否达到要求。

本任务所选择的报表布局文件制作方法是( )。

A.报表向导　　　B.快速报表　　　C.报表设计器

(4)打印报表

当报表布局文件创建好后,还需进行页面设置。

你所了解的纸张大小有:_____。

纸张的打印方向有:_____。

图 5-2

除此之外,还需要考虑页边距和打印宽度等。

2.使用报表向导创建学生成绩降序报表

（1）启动报表向导

具体操作步骤如下：

①单击"文件"→"新建"菜单,弹出"新建"对话框,选中"报表"单选项,然后单击"向导"按钮,弹出"向导选取"对话框,如图 5-2 所示。

②选择"报表向导",单击"确定"按钮,进入报表向导"步骤 1-字段选取"对话框,如图 5-3 所示。

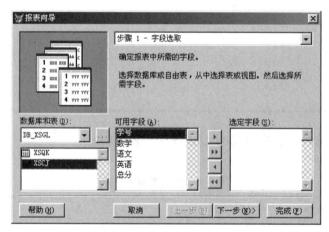

图 5-3

在图 5-3 中,若要设置以下内容,如何实现？

①为报表添加或移去字段：_____。

②调整选定字段的顺序：_____。

③向"数据库和表"列表框中加入所需表：_____。

（2）选择字段

报表向导步骤 1 用于为报表选取字段,加入到"选定字段"框中的字段即是为报表选择的字段。

选择 Xscj 表的所有字段,单击"下一步"按钮,进入报表向导"步骤 2-分组记录"对话框,如图 5-4 所示。

（3）分组记录

报表向导步骤 2 用于分组记录,最多可以设置 3 级分组依据。分组时,先按第 1 个字段分组,再对每组中第 1 字段值相同的记录按第 2 个字段分组,依次类推。

此处不设置分组,直接单击"下一步"按钮,进入向导"步骤 3-选择报表样式"对话框,如图 5-5 所示。

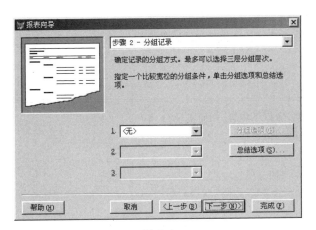

图 5-4

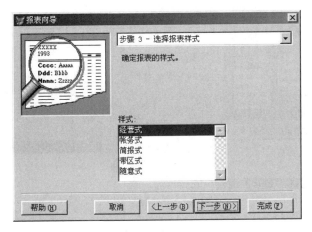

图 5-5

（4）选取报表样式

在报表向导步骤 3 中，选取报表样式，通过左上角的放大镜可以预览选取的样式。

选择"简报式"，单击"下一步"按钮，进入向导"步骤 4-定义报表布局"对话框，如图 5-6 所示。

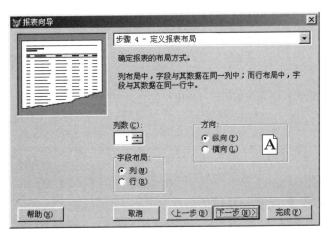

图 5-6

（5）定义报表布局

在报表向导步骤 4 中,定义报表布局样式。

 〔想一想〕

在图 5-6 中,若要设置以下内容,如何实现?

①将报表设置为多栏样式:＿＿＿＿＿＿＿＿＿＿＿＿＿＿＿＿＿＿。

②设置报表类型:＿＿＿＿＿＿＿＿＿＿＿＿＿＿＿＿＿＿＿＿＿。

③设置报表的布局方向:＿＿＿＿＿＿＿＿＿＿＿＿＿＿＿＿＿。

取默认设置,单击"下一步"按钮,进入"步骤 5-排序记录"对话框,如图 5-7 所示。

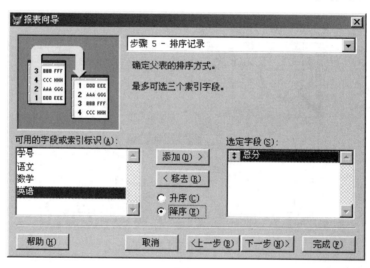

图 5-7

 〔想一想〕

①如何添加一个排序字段以及设置它的排序方式?

②添加了多个排序字段,系统如何进行排序?

（6）排序记录

在报表向导步骤 5 中,选择排序依据。

选择"总分"字段降序,单击"下一步"按钮,进入"步骤 6-完成"对话框,如图 5-8 所示。

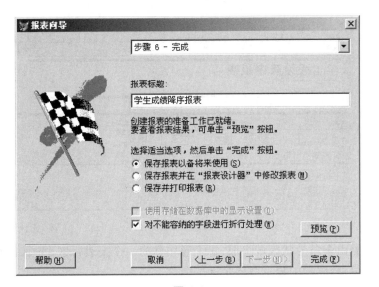

图 5-8

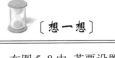 〔想一想〕

在图 5-8 中,若要设置以下内容,如何实现?

①设置报表的标题:_____。

②预览报表结果:_____。

③决定报表保存方式:_____。

④返回到前面修改相关设置:_____。

(7)预览、保存报表

在报表向导步骤 6 中,可对即将完成的报表做出相关设置。

在图 5-8 中,学生成绩降序报表可做如下几步设置:

①在"报表标题"框中输入:学生成绩降序报表。

②单击"预览"按钮,其结果如图 5-1 所示,然后关闭预览窗口返回。

③选择"保存报表以备将来使用"单选项,然后单击"完成"按钮。

④弹出"另存为"对话框,以"Rpt1.frx"作为报表文件名保存到 D 盘的 Vfpex 目录中,然后单击"保存"按钮即可。

扩展名为.frx 的报表布局文件存储了报表的详细说明,每个报表还带有扩展名为.frt 的相关文件。

(8)打开报表布局文件

单击"文件"→"打开"菜单,弹出"打开"对话框,在"文件类型"下拉框中选择"报表"项,然后双击要打开的报表文件。打开报表设计器窗口,可对报表做进一步的修改和完善。

打开 Rpt1 的报表设计器窗口,如图 5-9 所示。

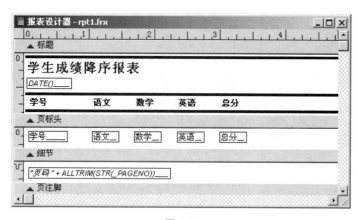

图 5-9

报表设计器由多条带状区域组成,每个区域称为一个报表带区,每个带区的底部有一条灰色的分隔栏,分隔栏中显示有该带区的名称。

〔讨论〕

由图 5-9 所示的报表设计器窗口,对照图 5-1 所示的预览结果,填写下表。

表 5-2 学生成绩降序报表小结

带区名称	显示内容
标题带区	无内容显示

报表布局文件指定了需要的控件、打印的文本在页面上的位置。它存储了报表的位置和格式信息,而非字段值。每次运行报表,打印的内容取决于数据源的字段值。

3.预览和打印学生成绩降序报表

(1)预览报表

在报表的设计过程中,随时可以预览报表结果,查看报表内容及布局是否满足要求。

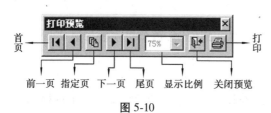

图 5-10

单击常用工具栏中的"预览"按钮,即可预览报表,同时弹出图 5-10 所示的打印预览工具栏。通过打印预览工具栏,可以非常方便地控制预览窗口的相关操作。

 〔想一想〕

①打印预览工具栏如何打开?

②单击常用工具栏上的"运行"按钮 🔋,将执行什么操作?

（2）打印报表

在打印报表之前,可以根据需要设置报表的页面。单击"文件"→"页面设置"菜单,弹出"页面设置"对话框,如图 5-11 所示。

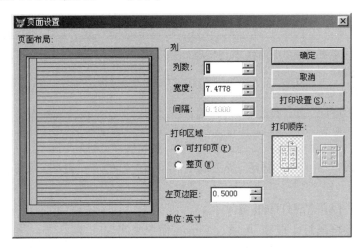

图 5-11

 〔想一想〕

在图 5-11 中,若要设置以下内容,如何实现?
①为页面左边留出一定空白:_____。
②为页面右边留出一定空白:_____。
③以多栏方式打印:_____。

单击"打印设置"按钮,弹出"打印设置"对话框,如图 5-12 所示。

图 5-12

〔想一想〕

在图 5-12 中,若要设置以下内容,如何实现?

①选择打印机:_____。

②设置纸张大小:_____。

③设置打印方向:_____。

完成页面设置后,单击"确定"按钮退出。单击"文件"→"打印"菜单,即可实现报表的打印输出。

(3)在程序中预览或打印报表

在程序中预览或打印报表,可通过 Report 命令来实现。

格式:Report Form <报表文件名> 〔PreView〕〔To Printer〔Prompt〕〕

功能:根据报表布局文件的定义产生报表,并将报表送往屏幕显示或打印机输出。

说明:PreView   预览报表。

   To Printer 将报表打印输出。

   Prompt   在打印之前,弹出"打印设置"对话框。

〔做一做〕

写出相应的实现命令。

①预览 Rpt1 报表。

②打印 Rpt1 报表,打印前弹出"页面设置"对话框。

〔知识链接〕

（1）设置分组间隔

在图 5-4 中,单击"分组选项"按钮,打开图 5-13 所示的"分组间隔"对话框,用于设置分组级字段的分组间隔。

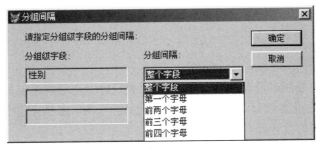

图 5-13

（2）设置总结选项

在图 5-4 中,单击"总结选项"按钮,弹出"总结选项"对话框,如图 5-14 所示。可以设置对数值字段求和、求平均值,以及报表中是否包含有小计和总计等。

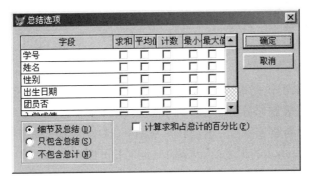

图 5-14

（3）上机实现

使用报表向导,以列报表样式为学生情况表创建一个按"性别"字段分组,性别相同时按"入学成绩"字段降序排序的 Report1 报表,并预览报表结果。

练习与思考

1.报表的_____定制了报表的打印格式。

2.用报表向导创建的 Rpt1 报表存盘后,磁盘上产生 2 个报表文件,其文件名分别是_____和_____。其中的_____文件是报表布局文件。

3.若要显示当前日期,则可使用_____函数;若要获得当前页码信息,可通过 VFP 的_____变量来获得。

4.在程序中预览或打印报表时,应通过 Report 命令调用扩展名为(　　　)的文件。

 A．.frm   B．.frt   C．.mnx   D．.frx

任务二　创建快速报表

任务概述

除了用报表向导创建报表外,还可以使用报表设计器创建快速报表。

本任务将使用报表设计器为学生情况表创建一个学生情况快速报表,文件名为 "Rpt2.frx",该报表的设计器窗口如图 5-15 所示。

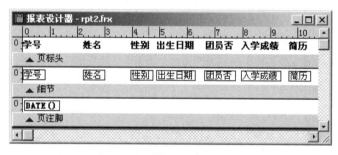

图 5-15

1.规划快速报表

若要创建学生情况快速报表,可从如下 3 个方面规划本任务的报表。

(1)选择快速报表制作方法

单击"文件"→"新建"菜单,弹出"新建"对话框,选中"报表"单选项,然后单击"新建文件"按钮,弹出图 5-16 所示的报表设计器窗口,同时打开图 5-17 所示的报表控件工具栏。

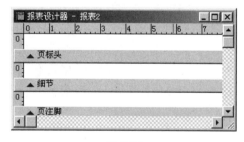

图 5-16

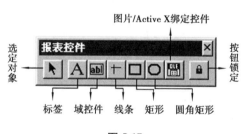

图 5-17

 〔想一想〕

①默认情况下,报表设计器有哪 3 个带区?

②图 5-15 中,各个带区分别添加哪些控件来显示相应信息?
- 页标头带区:＿＿＿＿＿＿＿＿＿＿＿＿＿＿＿＿＿＿＿＿＿。
- 细节带区:＿＿＿＿＿＿＿＿＿＿＿＿＿＿＿＿＿＿＿＿＿＿。
- 页注脚带区:＿＿＿＿＿＿＿＿＿＿＿＿＿＿＿＿＿＿＿＿＿。
③若要快速生成报表设计器中 3 个默认带区的内容,应选择的报表制作方法是(　　)。
　A.报表向导　　　　　B.快速报表　　　　　C.报表设计器

(2)设置报表数据源

一般情况下,报表中的数据来自于数据表,用户可在数据环境中指定报表的数据源,用于填充报表中的控件。

设置报表数据源的步骤如下:

①打开报表设计器,右击带区的任何位置,在快捷菜单中选择"数据环境"菜单,打开数据环境设计器窗口。

②在数据环境设计器窗口的空白处单击右键,在快捷菜单中选择"添加"菜单。

③在"添加表或视图"对话框中,选择要添加到数据环境中的表,然后单击"添加"按钮。

④选择完数据源后,单击"关闭"按钮,此时数据环境设计器窗口中将显示出所添加的表及其表中的字段,如图 5-18 所示。

图 5-18

 〔想一想〕

①若创建学生情况快速报表,应添加的数据源是:＿＿＿＿＿＿＿＿＿＿＿＿＿＿＿＿＿。
②从数据源中向报表添加的字段有:＿＿＿＿＿＿＿＿＿＿＿＿＿＿＿＿＿。

(3)规划报表样式

 〔想一想〕

根据图 5-15 所示的报表设计器窗口,本任务应选择的报表类型是(　　)。
　A.行报表　　　　　B.列报表　　　　　C.一对多报表

2.创建学生情况快速报表

创建学生情况快速报表的操作步骤如下:

(1)启动报表设计器并设置数据源

(2)设置快速报表选项

单击"报表"→"快速报表"菜单,弹出图5-19所示的"快速报表"窗口。

图5-19

在图5-19中,若要设置以下内容,如何实现?

①指定快速报表的类型:_____。

②为报表指定输出字段:_____。

〔提 示〕

若没有指定快速报表数据源,单击"快速报表"菜单后将弹出"打开"对话框,从中可以为快速报表选择数据源。

单击"字段"按钮,弹出图5-20所示的"字段选择器"窗口。在此窗口中,可指定报表要输出的字段。

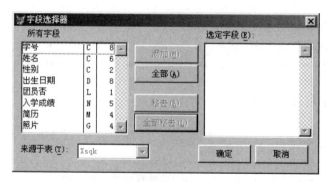

图5-20

〔想一想〕

①在图 5-20 中,如何为快速报表添加或移去字段?

②能否更改快速报表的数据源? 如果能,如何实现?

单击"列布局"按钮,并添加 Xsqk 表中所有字段。设置完毕后,单击"确定"按钮返回到报表设计器窗口,如图 5-15 所示。

(3)预览并保存报表

单击常用工具栏上的"预览"按钮,学生情况快速报表的预览结果如图 5-21 所示。

学号	姓名	性别	出生日期	团员否	入学成绩	简历
140601	王红梅	女	02/01/97	Y	480.0	
140602	刘毅	男	10/02/96	N	430.0	
140603	李小芳	女	11/15/96	N	460.0	
140604	朱丹	女	03/07/97	Y	510.5	
140605	刘志强	男	05/01/96	N	465.0	
140606	王强	男	07/06/96	Y	508.5	

图 5-21

〔讨论〕

由图 5-15 所示的报表设计器窗口,对照图 5-21 所示的预览结果,请填写下表。

表 5-3　快速报表小结表

默认带区	添加的控件	显示的内容
页标头带区		
细节带区		
页注脚带区		

关闭报表设计器窗口,弹出"另存为"对话框,以 Rpt2.frx 作为报表文件名保存到 D 盘的 Vfpex 目录中,然后单击"保存"按钮即可。

创建快速报表的过程非常简单,但生成的报表样式很单一,所以一般只是利用快速报表生成报表的一个初步布局,然后利用报表设计器进行修改。

3.操作报表设计器

（1）报表的默认带区

报表设计器默认显示页标头带区、细节带区和页注脚带区。

◆ 页标头带区 常用于显示各字段的标题名称以及分隔线等。该带区的数据每页打印一次。它常用标签控件▲来添加每页要显示的字段标题。

◆ 细节带区 常用于放置要输出的字段以及各字段值之间的分隔线等，利用它可实现各记录数据的输出。该带区的数据每记录打印一次。在细节带区中常用域控件■来创建字段控制，并显示表中字段值。

◆ 页注脚带区 常用于放置打印日期、页码以及说明性文本等信息，每页打印一次。它常用标签控件显示说明性文本，用域控件生成日期、页码等信息。

图 5-22

（2）报表设计器工具栏

报表设计器提供了定制报表的一些工具。启动报表设计器后将弹出图 5-22 所示的报表设计器工具栏，其按钮的主要功能如表 5-4 所示。

表 5-4 报表设计器工具栏按钮功能说明表

按钮图标	功 能
🗐	打开数据分组生成器窗口，设置报表数据分组
🖳	打开或关闭报表数据环境设计器窗口
✖	打开或关闭报表控件工具栏
🎨	打开或关闭调色板窗口，设置前景或背景颜色
🗒	打开或关闭布局工具栏，设置多个控件对齐方式

（3）报表控件工具栏

单击报表设计器工具栏上的"报表控件工具栏"按钮✖，打开报表控件工具栏，如图 5-17 所示。报表控件工具栏提供了显示报表数据的各种控件，各控件的用途和功能如表 5-5 所示。

表 5-5 报表控件的功能和用途说明表

控件图标	控件名称	用 途
A	标签	放置静态显示文本
■	域控件	显示字段、变量或表达式的值
┴	线条	画一线条
☐	矩形	画一矩形
⬭	圆角矩形	画一圆角矩形
🖼	图片/ActiveX	插入一幅图片或通用型字段

■ 添加控件

在报表控件工具栏上单击需要的控件按钮，将鼠标指针移动到报表设计器某个带区单击,并把控件拖至合适的大小和位置即可。

■ 选定控件

在对控件操作之前,首先要选定控件。用鼠标单击某个控件即可选定。

按住 Shift 键,用鼠标单击选定多个控件。或用鼠标单击窗口空白处,此时光标变成"手"的形状,拖动鼠标在屏幕上画出一虚线框,被圈住控件即是被选定的控件。

■ 对齐控件

单击报表设计器工具栏上的"布局工具栏"按钮,打开图 5-23 所示的布局工具栏。使用布局工具栏,可以将表单上的选中控件按指定的对齐方式予以对齐。

图 5-23

对齐控件的方法是:选择多个需要对齐的控件,然后在布局工具栏中单击相应对齐方式。

■ 设置控件字体

选中要设置字体的控件,单击"格式"→"字体"菜单,弹出"字体"对话框。在该对话框中,可对字体、字形及大小进行设置。

练习与思考

1.利用"格式"下的_____菜单项,可对标签和域控件的字体做相关的设置。

2.设计报表可使用的控件是(　　　)。

　　A.标签、文本框、列表框　　　　　　B.标签、域控件、列表框

　　C.标签、域控件、线条　　　　　　　D.布局、图片框或数据源

3.报表设计器中不包含在默认带区中的是(　　　)。

　　A.标题带区　　　　　　　　　　　B.页标头带区

　　C.页注脚带区　　　　　　　　　　D.细节带区

4.若要选中多个报表控件,可在单击各控件时,按住(　　　)键。

　　A.Shift　　　　　　　　　　　　B.Ctrl

　　C.Alt　　　　　　　　　　　　　D.Ctrl+Shift

5.实作题

使用快速报表,以列报表的形式为学生情况表创建一个只包含"姓名"、"性别"和"入学成绩"3 个字段的快速报表 Report2.frx,并预览报表结果。

〔讨论〕

　　假设学生成绩表与高一年级下期成绩表具有完全相同的表结构,只是对应了不同的记录内容,能否让 Rpt1 报表也能打印高一年级下期成绩表?

任务三　创建分组统计报表

任务概述

报表设计器除了3个默认带区外,还可以添加标题带区、总结带区、组标头带区和组注脚带区。在各个带区中,可根据实际需要添加相应的控件,以便设计出满足各种需求的报表。

本任务使用报表设计器为学生情况表创建一个按"性别"字段分组,统计每组"入学成绩"字段平均值的报表,文件名为"Rpt3.frx"。该报表的设计器窗口如图5-24所示,预览结果如图5-25所示。

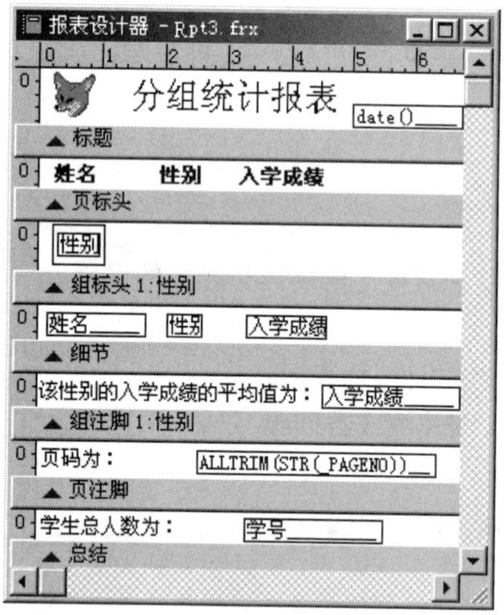

图 5-24

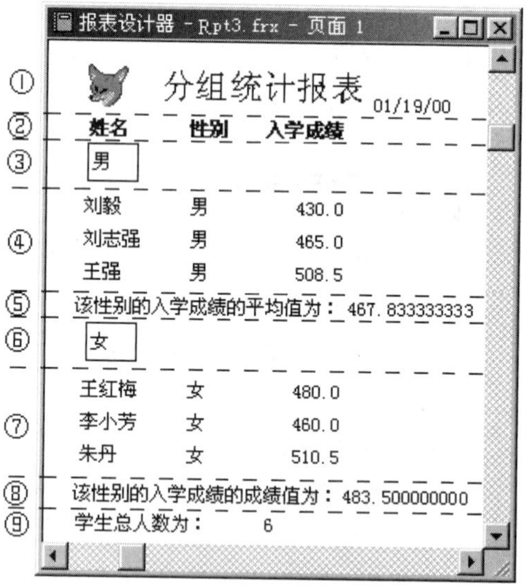

图 5-25

1.设计分组统计报表的带区

(1)设计默认带区

〔做一做〕

根据图5-25所示的分组统计报表预览结果,请在表5-6中填写默认带区的设计内容。

表5-6　默认带区设计表

默认带区	带区番号	用什么控件来显示什么信息
页标头带区		
细节带区		
页注脚带区	图5-25中无显示	用域控件来显示页码信息

（2）设计标题带区和总结带区

标题带区和总结带区可通过单击"报表"→"标题/总结"菜单创建。

标题带区常用于显示整个报表的标题、公司标志、日期、页码以及各种修饰用的线条或方框等。总结带区常用于放置汇总表达式。它们都是每个报表打印一次。

〔做一做〕

根据图 5-25 所示的分组统计报表预览结果,请在表 5-7 中填写标题带区和总结带区的设计内容。

表 5-7　标题带区和总结带区设计表

带区	带区番号	用什么控件来显示什么信息
标题带区		
总结带区		

（3）设计组标头带区和组注脚带区

组标头带区和组注脚带区可通过单击"报表"→"数据分组"菜单创建。

组标头带区通常用域控件添加分组的字段,还可以添加线条、矩形、圆角矩形等修饰性控件。组注脚带区常用标签和域控件生成统计信息。它们都是每组记录打印一次。

〔做一做〕

根据图 5-25 所示的分组统计报表预览结果,请在表 5-8 中填写组标头带区和组注脚带区的设计内容。

表 5-8　组标头和组注脚带区设计表

带区	带区番号	用什么控件来显示什么信息
组标头带区		
组注脚带区		

2.设计分组统计报表的默认带区

（1）准备工作

①按"性别"字段建立索引,标识为"Xb",并指定为主控索引。

②启动报表设计器,将 Xsqk 表作为数据源。

③以 Rpt3.frx 作为报表文件名保存到 D 盘的 Vfpex 目录中。

（2）设计页标头带区

为 Rpt3 报表的页标头带区添加字段标题,具体操作步骤如下:

①选择标签控件,在页标头带区的适当位置单击,输入:姓名。用"格式"→"字体"菜单改变字体格式。如果要重新编辑标签对象的内容,可再次选择标签控件,单击标签对象

即可。

②按上述方法分别添加"性别"和"入学成绩"2个标签,用布局工具栏对齐3个标签对象。

③单击常用工具栏中的"预览"按钮。

(3)设计细节带区

向细节带区添加字段,可以从数据环境的表中直接拖动字段到细节带区,也可手动添加。

为Rpt3报表的细节带区添加字段,具体操作步骤如下:

①打开报表的数据环境设计器窗口,用鼠标分别将Xsqk表中的"姓名"、"性别"字段拖放到细节带区。

②单击报表控件工具栏上的域控件,此时光标变为"+"形状。在细节带区的相应位置单击,弹出"报表表达式"对话框,如图5-26所示。

图5-26

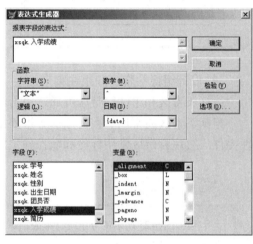

图5-27

③单击"表达式"框右侧的"选项"按钮，弹出"表达式生成器"对话框,如图5-27所示。

④在"字段"列表中,双击"入学成绩"字段,表名和字段名出现在"报表字段的表达式"框中。单击"确定"按钮退出所有对话框。

⑤按住Shift键,用鼠标依次单击各个字段,然后用布局工具栏中的按钮对齐3个字段,并与页标头带区中的各个标签对象分别对齐。

⑥单击常用工具栏上的"预览"按钮。

〔提示〕

①一般来讲,常量、变量、表达式和字段都可作为报表域控件的数据源。

②在图5-26的"表达式"框中直接输入字段名也可生成字段控件。

(4)设计页注脚带区

为Rpt3报表的页注脚带区添加页码,具体步骤如下:

①选择域控件,在页注脚带区单击,弹出图5-26所示的"报表表达式"对话框。

②在"表达式"框中输入:" 页码:" + AllTrim (Str (_PageNo)),然后单击"确定"按钮退出。

③单击常用工具栏中的"预览"按钮。

图 5-28

3.设计分组统计报表的标题带区和总结带区

(1)添加标题带区和总结带区

具体操作步骤如下:

①单击"报表"→"标题/总结"菜单,弹出图5-28所示的"标题/总结"对话框。

②选中"标题带区"、"总结带区"复选框,然后单击"确定"按钮退出。

如此设置好后,在报表设计器中增添了标题带区和总结带区。

(2)设计标题带区

为 Rpt3 报表的标题带区添加报表标题、图标和日期,具体操作步骤如下:

①在标题带区增加一个标题为"分组统计报表"的标签,用"格式"→"字体"菜单改变字体。

②在报表控件工具栏中,选择图片/ActiveX 控件,在标题带区的左上角单击,弹出"报表图片"对话框,如图5-29所示。

图 5-29

③单击"文件"框右侧的"选项"按钮,弹出"打开"对话框,定位到 VFP 安装目录下的Fox.bmp 图片,单击"确定"按钮退出。

④选择域控件,单击标题带区底部,弹出"报表表达式"对话框。在"表达式"框中输入:Date( ),然后单击"确定"按钮退出。

⑤单击常用工具栏上的"预览"按钮。

(3)设计总结带区

为 Rpt3 报表的总结带区加入统计信息,具体操作步骤如下:

①在总结带区的左侧增加一个标题为"学生总人数为:"的标签。

②选择域控件,并在标签对象右侧单击,弹出"报表表达式"对话框,在"表达式"框中输入:学号。

③在"报表表达式"对话框中,单击"计算"按钮,弹出图5-30所示的"计算字段"对话框。选中"计数"单选项,然后单击"确定"按钮退出该对话框。

④单击常用工具栏上的"预览"按钮。

4.设计分组统计报表的组标头带区和组注脚带区

(1)添加组标头带区和组注脚带区

为了更容易地在报表中查找信息,可以对报表中的数据分组,具体操作步骤如下:

①单击"报表"→"数据分组"菜单,弹出图5-31所示的"数据分组"对话框。

②在"分组表达式"框中输入分组字段名"性别",然后单击"确定"按钮退出。数据分组后,报表设计器中增添了组标头带区和组注脚带区。

图 5-30　　　　　　　　　　　　　　　　　　　　图 5-31

（2）设计组标头带区

为 Rpt3 报表的组标头带区添加分组字段,具体操作步骤如下:

①在组标头带区中,用域控件增加一个"性别"字段,用矩形框控件框住"性别"字段。

②单击常用工具栏上的"预览"按钮。

（3）设计组注脚带区

在 Rpt3 报表的组注脚带区中,按性别统计入学成绩的平均值,具体操作步骤如下:

①在组注脚带区的左侧添加一个标题为"该性别的入学成绩的平均值为:"的标签。

②选择域控件,并在标签对象右侧单击,弹出"报表表达式"对话框,在"表达式"框中输入:入学成绩。

③在"报表表达式"对话框中,单击"计算"按钮,弹出"计算字段"对话框。选中"平均值"单选项,然后单击"确定"按钮退出所有对话框。

④单击常用工具栏上的"预览"按钮。

 〔小结〕

在表5-9中总结出各个带区的作用、能添加的控件以及在报表中的打印次数。

表 5-9　报表带区总结表

带区名称	作　用	放置控件	打印次数
标题带区			
页标头带区			
组标头带区			
细节带区			
组注脚带区			
页注脚带区			
总结带区			

1.使用＿＿＿＿＿＿＿＿创建报表比较灵活,不但可以设计报表布局,设计数据在页面上的打印位置,而且还可以添加各种控件。

2.分组报表需要按＿＿＿＿＿＿＿＿进行索引或排序,否则不能保证正常分组。

3.打印日期、页码等附属信息,一般可放在＿＿＿＿＿＿＿＿或＿＿＿＿＿＿＿＿带区中。

4.若打印的每一页都需要打印一个标题,则标题文本应放在＿＿＿＿＿＿＿＿带区中,若要为整个报表打印一个封面,则封面应放在＿＿＿＿＿＿＿＿带区中。

5.下列不能作为报表域控件数据来源的是(　　　)。

A.字段　　　　　　　　　　　B.变量

C.表达式　　　　　　　　　　D.图片

6.实作题

使用报表设计器,以列报表的形式为学生成绩表创建一个按"团员否"字段分组,统计每组中入学成绩的最高分、最低分、总分和平均分的分组统计报表 Report3.frx,并预览报表结果。

模块六 *Mokuailiu*

SQL 语言及应用

    SQL 是 Structured Query Language（结构化查询语言）的缩写，它是美国国家标准协会 ANSI 确认的关系数据库语言的标准。SQL 语言是一种非常简洁的一体化语言，包括数据定义、数据更新、数据查询和数据控制等方面的功能，可以完成数据库活动中的全部工作，其核心是数据查询。

    SQL 语言可以交互方式执行，也能在程序中使用。

    通过本模块学习，应达到的具体目标如下：

☐ 会用 Create Database、Open Database 创建、打开数据库

☐ 会用 Create Table、Alter Table 创建、修改表结构

☐ 会用 Insert Into 语句向表插入记录内容

☐ 会用 Update 语句批量更新记录

☐ 会用 Delete 语句删除记录

☐ 掌握 Select 语句的格式及各个选项的作用，能够按照查询要求写出相应的查询语句

任务一　定义数据库及表

任务概述

标准 SQL 的数据定义功能非常广泛,主要包括数据库和数据表的定义,其核心语句为 Create、Alter 和 Drop。表结构操作完成后可通过表设计器观察其结果。

标准 SQL 的数据更新主要包括数据插入、删除和修改 3 个方面,其核心语句分别为 Insert、Delete 和 Update。完成操作后,可在表的浏览窗口中观察结果。

本任务使用 SQL 语句创建班级管理数据库及库中的学生情况表和学生成绩表,记录如图 6-1 所示。

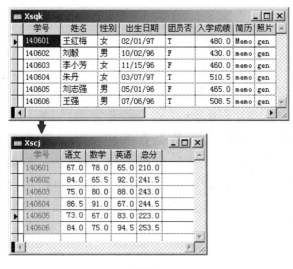

图 6-1

1.规划班级管理数据库

在班级管理系统中,先创建班级管理数据库,然后再创建学生情况表和学生成绩表。

根据实际情况,首先应创建学生情况表结构并输入记录内容,然后由学生情况表的"学号"字段和值自动生成学生成绩表的第 1 个字段,最后由 SQL 语句增加"语文"、"数学"、"英语"和"总分"4 个字段。当学生成绩表结构创建好后,再修改它的记录内容,并求得每条记录的总分。

班级管理系统的数据库及其表的创建过程如图 6-2 所示。

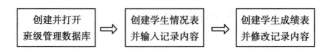

图 6-2

2.创建并打开班级管理数据库

实现语句为:

```
Set Default To D：\Vfpex          && 设置默认路径
Create Database Db_bjgl
Modify Database
```

〔注意〕

若 Db_bjgl.dbc、Xsqk.dbf、Xscj.dbf 等文件已经存在,直接覆盖即可。

3.建立学生情况表结构并输入记录

（1）建立学生情况表

除了在 VFP 表设计器中创建表结构外,还可使用 SQL 的 Create Table 语句创建数据表。

格式:Create Table <表名>（<字段定义>）

功能:在当前数据库中创建一个数据表。

◆<字段定义>

每个<字段定义>包括字段名、数据类型和该字段的完整性约束等内容。

〔做一做〕

SQL 的数据类型与 VFP 类似,请填写表 6-1 的数据类型说明。

表 6-1　数据类型说明表

类　型	标识符	宽　度/B	类　型	标识符	宽　度/B
字符型			数值型		
日期型			日期时间型		
备注型			通用型		
货币型			逻辑型		

◆ 字段级完整性约束

①Default <表达式>　默认值约束。

②Unique　单值约束。定义该字段的所有取值必须互不相同。

③Check（<条件表达式>）Error <提示信息>　检查约束。定义字段的有效性规则及在该规则上出错时的提示信息。

④Primary Key　主关键字约束。定义该字段为主关键字,隐含规定该字段同时为非空和单值。

创建图 6-1 所示的学生情况表结构,实现语句为:

```
Create Table Xsqk；
    （学号 C(8) Primary Key Default "1406" , ；
```

119

姓名 C（6）Not Null，；

性别 C（2）Default "男"；

Check（性别="男" Or 性别="女"）Error "性别为男或女"，；

出生日期 D，团员否 L，入学成绩 N（5,1），简历 M，照片 G）

［做一做］

①Xsqk 表定义了哪几个字段，各个字段间用什么分隔？

②"学号"字段带有什么约束？

③"姓名"字段带有什么约束？

④"性别"字段带有什么约束？只能取哪几个值？

（2）向学生情况表输入记录内容

格式：Insert Into <表名>[（<字段名 1>[，<字段名 2>]…）]；

     Values（<表达式 1>[，<表达式 2>]…）

功能：在指定数据表的末尾添加一条新记录。

说明：

①<字段名 1>的值为<表达式 1>，<字段名 2>的值为<表达式 2>，其余依次类推。表达式与字段的数据类型、位置和个数都要一致。

②若省略字段名表，则默认为表中所有字段和表结构中的字段顺序。

③该语句一次只能追加一条记录。

向 Xsqk 表追加图 6-1 所示的记录内容，实现语句为：

  Insert Into Xsqk（学号，姓名，性别，出生日期，团员否，入学成绩）；

    Values（"140601"，"王红梅"，"女"，{^1997/02/01}，.T.，480）

  …&& 请依次追加后面的剩余记录。

①上述语句中能否省略字段名列表,为什么?

②当字段名列表顺序改变后,值列表不调整,可能发生哪些情况?

4.建立学生成绩表结构并输入记录内容

(1)添加字段

格式:Alter Table <表名> Add <字段名> <字段类型>[(宽度[,小数位数])];

　　　[Primary Key <字段名>];

　　　[Default <常量表达式>];

　　　[Check (<表达式>)[Error <提示信息>]]

功能:向指定数据表添加一个新字段。

说明:使用 Add 子句可以增加一个新字段,其他子句与 Create Table 语句相同。

【例 6-1】　Alter Table 语句。

①向 Xsqk 表增加一个"籍贯 C(6)"字段,默认值为"重庆市",实现语句为:

　　Alter Table Xsqk Add 籍贯 C(6) Default "重庆市"

②将 Xscj 表的"学号"字段修改为主关键字约束,实现语句为:

　　Alter Table Xscj Add Primary Key 学号

(2)创建学生成绩表

创建图 6-1 所示的学生成绩表,实现语句为:

　　Select 学号 From Xsqk Into Table Xscj

　　*以上语句功能是查询 xsqk 表的学号,生成处于打开状态的自由表 Xscj。Select
　　语句的功能请参见本模块任务二中的相关知识点。

　　Use　&& 关闭 Xscj 表

　　Open db_bjgl

　　Add Table Xscj

　　Alter Table Xscj Add Primary Key　学号

　　Alter Table Xscj Add　语文 N(5,1) Check(语文>=0 And　语文<=100)

　　Alter Table Xscj Add　数学 N(5,1) Check(数学>=0 And　数学<=100)

　　Alter Table Xscj Add　英语 N(5,1) Check(英语>=0 And　英语<=100)

　　Alter Table Xscj Add　总分 N(5,1)

〔做一做〕

①Xscj 表定义了哪几个字段?

②"学号"字段带有什么约束?

③哪几个字段带有检查约束?

（3）修改学生成绩表的记录

〔想一想〕

向学生成绩表输入图 6-1 所示的记录,Insert Into 语句能实现吗? 为什么?

格式:Update <表名> Set <字段名 1>=<表达式 1>;

　　　　　〔,<字段名 2>=<表达式 2>...〕;

　　　　　〔Where <条件表达式>〕

功能:在数据表中按指定方式修改记录。若缺省 Where 条件,则修改数据表的全部记录。

向学生成绩表输入图 6-2 所示的记录,实现语句为:

　　　Update Xscj Set 语文=67,数学=78,英语=65,总分=语文+数学+英语;

　　　　　Where 学号="140601"

　　　　　…&& 请依次修改后面的剩余记录。

〔想一想〕

①上面语句给哪几个字段赋了值,表达式间用什么分隔?

②能否省略 Where 子句,为什么?

（1）修改字段属性

格式：Alter Table <表名> Alter <字段名>；

[<字段类型>[（宽度[，小数位数]）]]

功能：将指定数据表的指定字段修改为语句所指定的属性。

例如：若将 Zxh 表中的"姓名"字段的宽度改为 8，实现语句为：

Alter Table Zxh Alter 姓名 C(8)

（2）更改字段名称

格式：Alter Table <表名> Rename <字段名> To <新字段名>

功能：将指定的字段更名。

例如：把 Zxh 表中的"学号"改名为"学生号"，实现语句为：

Alter Table Zxh Rename 学号 To 学生号

（3）删除字段

格式：Alter Table <表名> Drop <字段名>

功能：删除指定的字段。

说明：删除字段时，附在该字段的所有约束也一同删除。

例如：将 Zxh 表中的"籍贯"字段删除，实现语句为：

Alter Table Zxh Drop 籍贯

（4）删除记录

格式：Delete From <表名> [Where <条件表达式>]

功能：删除指定数据表中符合条件的记录。

说明：若缺省 Where 条件，则删除数据表的全部记录内容。该语句执行逻辑删除。

例如：逻辑删除 Zxh 表中入学成绩小于 460 分的所有记录，实现语句为：

Delete From Zxh Where 入学成绩<460

123

练习与思考

1.在 SQL 语言中，用_____语句向表插入记录内容，用_____语句修改表的数据，用_____语句修改表的结构。

2.SQL 语言是（　　）语言。

　A.层次数据库　　　　　　　　B.网状数据库

　C.关系数据库　　　　　　　　D.非数据库

3.下列不属于数据定义功能的 SQL 语句是（　　）。

　A.Create Table　　　　　　　B.Create Database

　C.Alter Table　　　　　　　　D.Update

4.Insert 语句的功能是（　　）。

A.在表头插入一条记录　　　　B.在表尾插入一条记录

C.在表中指定位置插入一条记录　　D.在表中指定位置插入若干记录

5.SQL 的数据更新语句不包括(　　)。

A.Insert　　　　　　　　　　B.Update

C.Delete　　　　　　　　　　D.Change

6.实作题

假设教学库有如下 3 个数据表,根据要求写出相应的 SQL 语句。

学生表:学号 C(6),姓名 C(8),团员否 L,出生日期 D

成绩表:学号 C(6),课程号 C(4),成绩 N(5,1)

课程表:课程号 C(4),课程名 C(8),课时数 N(1)

(1)建立教学库,并打开数据库设计器窗口。

(2)分别建立学生表、成绩表和课程表。

(3)修改学生表的主索引为"学号",课程表的主索引为"课程号",成绩表的主索引为"学号+课程号"。(索引关键字为表达式时不能省略索引标识名)

(4)在学生表中增加"入学成绩 N(5,1)"和"简历 M"字段。

(5)将学生表中的"姓名"字段的宽度由 8 改为 6。

任务二　在数据库中查询相关内容

任务概述

SQL 语言的核心是查询数据。使用 Select 语句,用户可以有效地筛选记录、管理数据和对查询结果排序,具有使用灵活、简洁、功能强大的优点。

本任务主要学习在学生情况表和学生成绩表中按要求查询相关内容。

1.按指定字段查询表中记录

格式:Select［All | Distinct］［ * | <表达式 1> As <别名 1>;

　　　　［,<表达式 2> As <别名 2>…]]From <表名>

功能:在指定数据表中查询指定字段的记录内容。

说明:Select 语句给出在查询结果中需要的字段,From 子句为查询指定数据表。

■ All | Distinct 选项

若选择 All,则允许在查询结果中出现内容重复的记录;若选择 Distinct,则不允许出现内容重复的记录。省略该选项,隐含为 All。

【例 6-2】 All 与 Distinct。

①从学生情况表中查询出每个学生的性别,实现语句为:

    Select All 性别 From Xsqk

②从学生情况表中查询出不同性别,实现语句为:

    Select Distinct 性别 From Xsqk

2 条语句的查询结果分别如图 6-3,图 6-4 所示。

■ 通配符(*)

如果查询表中全部字段,除了在语句中将字段名一一列举之外,还可用通配符(*)表示所有字段。

【例 6-3】 从学生情况表中查询出所有字段的全部记录内容,实现语句为:

    Select * From Xsqk

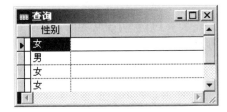

图 6-3

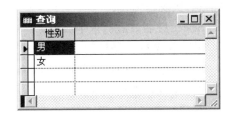

图 6-4

■ 字段函数

为了方便在查询过程中对指定字段内容进行统计与运算,表达式中还能使用 VFP 提供的相关字段函数,并能对查询结果用 As 子句重命名列标题(常用字段函数参见模块四的任务二)。

【例 6-4】 从学生情况表中查询入学成绩的最高分、最低分、总分及平均分。实现语句为:

    Select Max(入学成绩),Min(入学成绩),;

        Sum(入学成绩),Avg(入学成绩) From Xsqk

运行结果如图 6-5 所示。

图 6-5

【例 6-5】 将例 6-4 的查询改为如下语句实现,其查询结果如图 6-6 所示。

Select Max(入学成绩) As 最高分,Min(入学成绩) As 最低分,;

    Sum(入学成绩) As 总分,Avg(入学成绩) As 平均分;

    From Xsqk

最高分	最低分	总分	平均分
510.5	430.0	2854.0	475.67

图 6-6

2.按指定条件查询记录

格式:Select <表达式表> From <表名> Where <条件表达式>

功能:在指定数据表中查询满足条件的记录。

说明:<条件表达式>常用关系运算符(>、>=、<、<=、=(==)、<>(#)、Between…And、In()、Like)和逻辑运算符(Not、And、Or)来构造。

■ Between…And…

判断数据是否在 Between 所指定的范围内。如果是,结果为真(.T.),否则为假(.F.)。

【例 6-6】 从学生情况表中查询入学成绩在 460~510 范围的姓名、性别、入学成绩字段信息,实现语句为:

Select 姓名,性别,入学成绩 From Xsqk Where 入学成绩 Between 460 And 510

若改为 Where 条件的逻辑表达式,等价实现语句为:

Select 姓名,性别,入学成绩 From Xsqk Where 入学成绩>=460 And 入学成绩<=510

2 条语句的查询结果如图 6-7 所示。

姓名	性别	入学成绩
王红梅	女	480.0
李小芳	女	460.0
刘志强	男	465.0
王强	男	508.5

图 6-7

■ In (<表达式表>)

判断数据是否在<表达式表>中,各表达式间用逗号分隔。

【例 6-7】 从学生情况表中查询男女学生的所有信息。2 条等价的实现语句为:

①Select * From Xsqk Where 性别 In ("男","女")

②Select * From Xsqk Where 性别="男" Or 性别="女"

2 条语句的查询结果如图 6-8 所示。

学号	姓名	性别	出生日期	团员
140601	王红梅	女	02/01/97	T
140602	刘毅	男	10/02/96	F
140603	李小芳	女	11/15/96	F
140604	朱丹	女	03/07/97	T
140605	刘志强	男	05/01/96	F

图 6-8

■ Like

判断数据是否符合 Like 指定的字符串格式。Like 格式中的字符串可以使用通配符“%”或“_”。“%”代表任意的零个、一个或多个字符,“_”代表任意的一个汉字或一个英文字符。

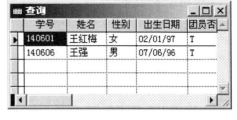

【例 6-8】 从学生情况表中查询姓王的信息,实现语句为:

Select * From Xsqk Where 姓名 Like "王%"

运行结果如图 6-9 所示。

查询

学号	姓名	性别	出生日期	团员否
140601	王红梅	女	02/01/97	T
140606	王强	男	07/06/96	T

图 6-9

3.查询结果排序

格式:Select <表达式表> From <表名> Where <条件表达式>;

Order By <排序列名 1> [Descending][,<排序列名 2>[Descending]…]

功能:对查询结果按指定的列排序。

(1)排序方式

查询结果首先按<排序列名 1>的值排序,若该列的值相同,再按<排序列名 2>的值排序,依此类推。对于每个排序列,可以指定排序方式,默认为升序,有 Descending 时为降序。

【例 6-9】 从学生情况表中查询每个学生的学号、姓名、性别和入学成绩,先按性别升序,性别相同时按入学成绩降序排序,实现语句为:

Select 学号,姓名,性别,入学成绩 From Xsqk Order By 性别,入学成绩 Descending

运行结果如图 6-10 所示。

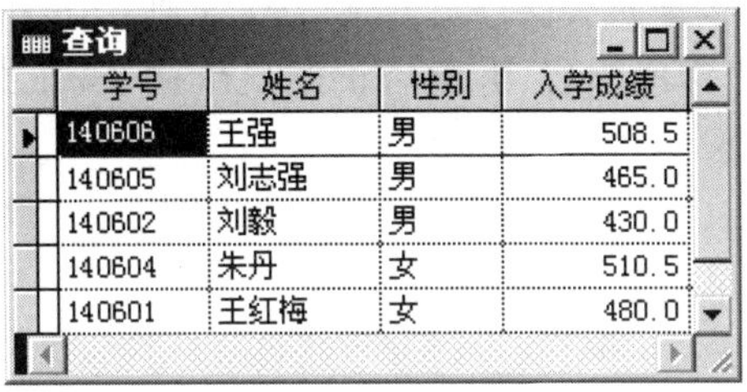

查询

学号	姓名	性别	入学成绩
140606	王强	男	508.5
140605	刘志强	男	465.0
140602	刘毅	男	430.0
140604	朱丹	女	510.5
140601	王红梅	女	480.0

图 6-10

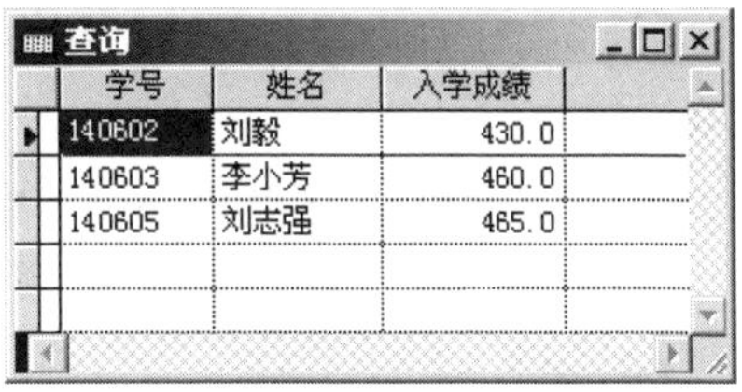

查询

学号	姓名	入学成绩
140602	刘毅	430.0
140603	李小芳	460.0
140605	刘志强	465.0

图 6-11

(2)选择一定数量或百分比的记录

在排序方式所得到的查询结果中,如果只需要一定数量或百分数的记录,可在 Select 语句中添加 Top 子句。Top n 是选择一定数量的记录,n 的取值范围为 1~32 767;Top m Percent 是选择一定百分数的记录,m 的取值范围为 1~99。

【例 6-10】 若学生情况表中只有 6 条记录,查询入学成绩前 3 名学生信息。2 条等价的实现语句为:

①Select Top 3 学号,姓名,入学成绩 From Xsqk Order By 入学成绩

②Select Top 50 Percent 学号,姓名,入学成绩 From Xsqk Order By 入学成绩

运行结果如图 6-11 所示。

4.按指定字段分组

格式:Select <表达式表> From <表名> Where <条件表达式>;

　　　　Group By <分组列名 1>[,<分组列名 2>…]

功能:对查询结果进行分组。

若 Group By 子句含有多个分组列时,先按第 1 个列值分组,若第 1 个列值相同,再按第 2 个列值分组,其余依此类推。分组操作主要用字段函数对每一组中的记录进行统计,常用的有 Count( )、Max( )、Min( )、Sum( )、Avg( )。

图 6-12

【例 6-11】 从学生情况表中查询团员和非团员的学生人数,实现语句为:

　　　Select 团员否,Count(学号) As 学生人数 From Xsqk Group By 团员否

运行结果如图 6-12 所示。

5.将查询结果输出到独立表

格式:Select <表达式表> From <表名> Where <条件表达式>;

　　　　Order By <排序字段列表>;

　　　　Group By <分组字段列表>;

　　　　Into <目标>

功能:将查询结果保存到指定的目标中。

可用 Into 子句指定的输出目标主要有:

①独立表:Into Table <表名>

②临时表:Into Cursor <临时表名>

③浏览窗口:如果没有指定其他目标,则默认为浏览窗口。

若只想暂时保存结果,则可保存到临时表中;若要永久保存结果,则应保存到一个表中。

【例 6-12】 从学生情况表中查询出"学号"字段内容,并将查询结果生成 Xscj1 表,实现语句为:

　　　Select 学号 From Xsqk Into Table Xscj1

可打开 Xscj1 表的浏览窗口,观察由查询结果所生成的数据表记录。

 〔小结〕

请填写表 6-2 中各个选项的作用。

表 6-2　Select 语句含义表

选　项	作　用
Select	
From	
Where	
Order By	
Group By	
Into	

1.在 Select 语句中,＊表示＿＿＿＿＿＿＿,用＿＿＿＿＿＿＿子句去除重复值。

2.年龄 Between 15 And 20 的等价条件为＿＿＿＿＿＿＿＿＿＿＿＿＿＿,年龄 In(15,20)的等价条件为＿＿＿＿＿＿＿＿＿＿＿＿＿＿＿＿。

3.在 Select 语句中,通配符＿＿＿＿＿表示零个或多个字符,＿＿＿＿＿表示任何一个字符。

4.在 Order By 子句中,Descending 代表＿＿＿＿＿＿＿＿＿＿＿输出。若省略 Descending 时,代表＿＿＿＿＿＿＿＿＿＿输出。

5.写出下列查询语句,并上机实现。

(1)在学生成绩表中,查询学生"王强"的各科成绩。

(2)在学生成绩表中,查询英语平均成绩。

(3)在学生成绩表中,查询英语最高分。

(4)在学生成绩表中,查询所有姓"李"同学的入学成绩,并降序排序。

(5)在学生成绩表中查询英语成绩在 80~89 分的人数。

(6)在学生成绩表中查询总分不小于 240 分的记录,将查询结果保存到文件名为 Table1 的数据表中。

模块七 *Mokuaiqi*

设计应用程序表单

在浏览或编辑窗口中显示、编辑和修改数据表记录时,形式比较固定,无法做较多的控制,特别对于备注型和通用型字段,不能直接在浏览或编辑窗口中显示。为此,VFP 为用户提供了编辑修改记录的另外一种实现方式——表单(Form)。

表单是 VFP 面向对象程序设计的图形界面化的表现载体,类似于 Windows 的窗口,用户可以在表单中绘制各种控件,并为表单中的控件对象编写事件代码,设计满足各种需求的表单。

通过本模块学习,应达到的具体目标如下:

- ▢ 认识对象、属性、事件和方法

- ▢ 熟悉表单的基本操作及表单常用的属性、事件和方法

- ▢ 会使用各种控件的属性、事件和方法来设计表单

任务一 认识面向对象程序设计

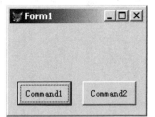

任务概述

在 VFP 的面向对象程序设计中,首先考虑的是如何创建对象。对象创建好后,还需要考虑怎样用对象的属性、事件和方法程序来处理对象。

在本任务中,将设计一个图 7-1 所示的表单,从而学习对象、属性、事件和方法等基本概念和面向对象程序设计思想。

1.面向对象程序设计示例

设计一个能改变表单背景颜色的程序,运行界面如图 7-1所示。每单击一次 Command1 按钮,表单界面的颜色将改变。单击 Command2 按钮,表单将关闭。

图 7-1

程序设计的具体操作步骤如下:

①单击"文件"→"新建"菜单,弹出"新建"对话框,选中"表单"单选项,然后单击"新建文件"按钮,弹出图 7-2 所示的表单设计器窗口。

②单击表单控件工具栏上的"命令按钮"控件,将鼠标指针移动到表单 Form1 中,鼠标指针呈"十"字形状,拖放鼠标即可绘制命令按钮。

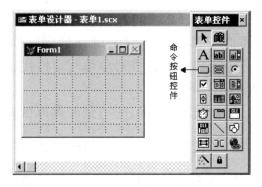

图 7-2

③双击命令按钮,打开图 7-3 所示的代码窗口,输入图中所示代码。

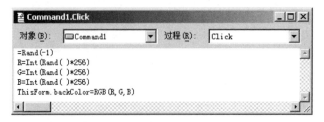

图 7-3

④制作第 2 个命令按钮,在其代码窗口中输入:

ThisForm.Release

⑤单击常用工具栏上的"运行"按钮 ,弹出"另存为"对话框,直接单击"保存"按钮,表单运行界面如图7-1所示。单击各个命令按钮,观察执行情况。

上述操作就是面向对象的可视化程序设计过程。

2.认识对象

在上面的示例中,表单、命令按钮都是对象。除此之外,一个界面中还有文本框、列表框等其他对象。对象如画图一样绘制,无需用语言构造,其大小及位置也不必用精确的数字表示,使得编程变得非常简单。

〔想一想〕

观察图7-1所示的界面,回答以下问题:
①界面上有哪些对象?

②简述各个对象的外观特征。

③能用鼠标单击哪些对象,单击后将执行什么操作?

在面向对象程序设计中,界面上的所有组件都可视为对象。每个对象都有自己的属性、事件和方法。VFP 的面向对象程序设计界面如图7-4所示。

图7-4

3.认识属性

所谓属性,就是对象的外观特征及表现,如长、宽、高、位置、颜色、标题、字体大小等。

（1）常用属性

由于对象具有多面性,因此一个对象的属性也往往有多个,不同的对象一般有着不同的属性,但也有一些属性是很多对象所共有的。对象的常用属性如表 7-1 所示。

表 7-1　对象的常用属性

属　性	说　明
Name	指定在代码中被引用对象的名称
Caption	指定对象标题文本
Height、Width	指定对象的高度或宽度
ForeColor、BackColor	指定对象内文本或图形的前景色或背景色
Left、Top	指定对象距离所在窗口左边界或上边界的距离

（2）认识属性窗口

为了使程序运行时界面美观大方,可在设计程序时对每个对象的有关属性做适当的修改。有些属性用鼠标拖动便可修改,如对象的长、宽、位置等,但更多的是在属性窗口中设置或修改对象的属性,也可在程序运行时用代码来设置或修改对象的属性。

属性窗口组成如图 7-5 所示,在该窗口列出了当前被选中对象的所有属性,用户可以根据需要进行设置或修改。

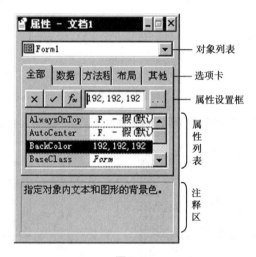

图 7-5

◆ 对象列表　显示当前选定的对象,用户可在下拉框中选择其他对象。

◆ 选项卡　按分类依次显示对象的属性、事件和方法。

◆ 属性设置框　可以更改属性列表中选定的属性值。

　　✓按钮用于确认对当前属性的修改。

　　×按钮用于取消属性修改。

　　f 按钮用于打开表达式生成器窗口。

◆ 属性列表　显示对象的属性名及当前属性值。

4.认识事件

在面向对象的程序设计中,事件是指由系统预先定义好的、能被对象识别的动作。每个对象都能识别多个不同的事件。

在大多数情况下,事件是由用户的交互操作产生,也有少数是由系统触发产生。用户触发产生的事件大致可分为鼠标类事件和键盘类事件2种。如用鼠标单击某对象,便产生 Click 事件;当用户在键盘上按下任意键时,就会产生 KeyPress 事件。

为了使对象在某一事件发生时能够做出反应,可以针对这一事件编写程序代码,以便完成相应功能。为对象编写过程代码,可在表单设计器窗口中直接双击该对象,打开图7-6 所示的代码窗口,在编辑区输入相应代码即可。

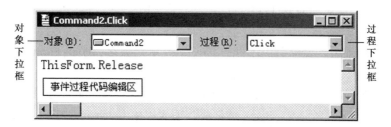

图 7-6

在代码窗口中,可从"对象"下拉框中选择对象,在"过程"下拉框中选择事件,然后在代码编辑区输入该对象的对应事件代码。

5.认识方法

所谓方法,是指对象所固有的特殊函数或过程,如 Release 方法的功能就是释放表单。

方法与事件有相似之处,都是为了完成某个任务。但一个事件过程可完成不同任务,取决于编写的代码,而方法任何时候调用都是完成同一个任务。

由此可见:一个对象具有自己的属性、事件和方法,它是数据与代码的集合,应用程序就是通过它们来实现相应的功能。对象与应用程序的关系,如图7-7 所示。

6.认识面向对象程序设计语法

在 VFP 的面向对象程序设计中,引入了一个全新的概念——"对象",将若干个对象通过搭积木的方式绘制在表单中。整个过程以可视化方式进行,就像在纸上绘画一样。然后针对各个对象编写代码,这就是面向对象程序设计的基本思想。

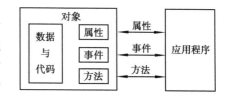

图 7-7

（1）面向对象程序设计特点

①面向对象程序设计以对象为中心,数据和过程捆绑在一起,封装在对象中。

②面向对象程序设计隐藏数据,只显示行为。

③面向对象程序设计基于事件驱动。

（2）面向对象程序设计语法

在 VFP 环境中,面向对象程序设计语法是一个非常重要的内容,下面就一些重点语法做简要介绍。

■ 点(.)

点(.)用来分隔对象名、属性、方法或事件名称。在对象的嵌套层次中,点(.)运算区分不同层次的对象。点(.)类似文件路径分隔符"\"。

　　格式:对象名.属性名　　例如:Command1.Caption　　&& 命令按钮的标题属性

　　　　　对象名.方法名　　例如:Thisform.Release　　&& 释放当前表单的方法程序

　　　　　对象名.事件名　　例如:Command1.Click　　&& 命令按钮的单击事件

　　功能:引用对象的属性、事件和方法。

　　■ This

　　当前对象的别名,一般用于编写事件代码时,对该对象本身的称谓。

　　格式:This.属性名　　例如:This.Caption="退出"　　&& 将当前对象的标题设为"退出"

　　　　　This.方法名

　　功能:引用当前对象的属性或方法。

　　■ ThisForm

　　当前表单的别名。表单引用不能直接使用表单对象名,例如:Form1,一般要求使用表单的别名。

　　格式:ThisForm.对象名　　例如:ThisForm.Command1.Caption="退出"

　　　　　　　　　　　　　　　　　　　&& 将当前表单中 Command1 的标题设为"退出"

　　　　　ThisForm.属性名　　例如:ThisForm.ForeColor　　&& 当前表单的前景色属性

　　　　　ThisForm.方法名　　例如:ThisForm.Hide　　　　&& 隐藏当前表单

　　功能:指向包含对象的当前表单。

　　【例 7-1】　若将图 7-1 中的 Command2 对象的标题设置为"退出",实现方法如下:

　　方法 1:在表单 Form1 的 Init(初始化)事件中添加代码:

　　　　　ThisForm.Command1.Caption="退出"

　　方法 2:在 Command2 的 Init 事件中添加代码:

　　　　　This.Caption="退出"

　　(3)Read Events 和 Clear Events

　　Read Events 的功能是运行一个程序时开始事件处理,一般放在主程序中,用于建立事件驱动循环。Clear Events 用来停止事件处理,一般放在主程序结束处。

练习与思考

　　1.在面向对象程序设计中,对象是指包含数据和代码的实体。对象的外观特征用对象的＿＿＿＿来描述,对象的行为用＿＿＿＿来体现,对象响应用户操作的能力通过对＿＿＿＿的响应来实现。

　　2.在 VFP 中,代表当前对象自身的关键字是＿＿＿＿,代表当前表单的关键字是＿＿＿＿。

　　3.建立事件循环是为了等待用户操作并进行响应,用＿＿＿＿＿＿语句启动 VFP 事件处理,用＿＿＿＿＿＿语句停止 VFP 事件处理,使程序退出事件循环。

　　4.现实世界中的每一个事物都是一个对象,可用(　　)加以区分和标识。

　　　A.对象名　　　　　　　　　B.事件

　　　C.方法　　　　　　　　　　D.过程

　　5.下列关于事件的描述,不正确的是(　　)。

A.事件是对象能识别的一个动作

B.事件可以由用户的操作产生,也可以由系统触发

C.如果事件没有与之相关联的事件过程代码,则对象的事件不会发生

D.有些事件只能被个别对象所识别,而有些事件可以被大多数对象所识别

6.当用户在键盘上按下一个键时就会产生( )事件。

A.Click　　　　　　　　　　B.MouseMove

C.DblClick　　　　　　　　　D.KeyPress

任务二　设计主界面表单

任务概述

表单是 Windows 图形用户界面的表现载体,所有的控件都绘制在表单中,运行时,它是用户与应用程序交互操作的窗口。在设计一个 VFP 应用程序时,首先创建一个表单,然后在表单中添加所需对象,通过对象的属性、事件和方法等来完善表单的功能,最终形成用户所需要的界面。

在本任务中,将为班级管理系统设计一个图 7-8 所示的主界面表单,文件名为 Main-Form.scx。表单的标题为"班级管理系统",宽度为"550",高度为"350"。边框为不可调的固定对话框,无最大化按钮。表单的图标和背景都选择了图片。首次运行时自动居中,在主界面中显示如图 7-8 所示信息,单击表单后,信息自动隐藏。

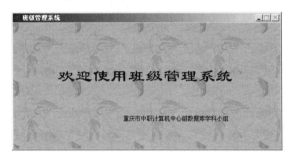

图 7-8

1.操作表单

(1)启动表单设计器

在 VFP 中,可以使用表单向导和表单设计器 2 种方法创建表单。表单向导适用于创建简单的表单,对于形式较复杂、功能较强大的表单,就需要使用表单设计器来创建。

启动表单设计器的具体步骤是:

单击"文件"→"新建"菜单,弹出"新建"对话框,选中"表单"单选项,然后单击"新建文件"按钮,弹出图 7-9 所示的表单设计器窗口。

表单设计器工具栏中按钮的功能如表 7-2 所示。

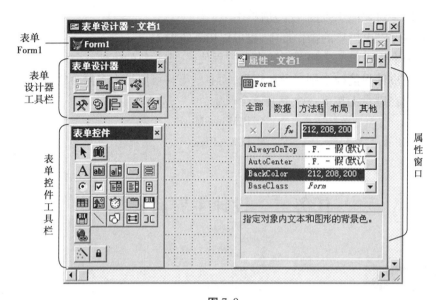

图 7-9

表 7-2　表单设计器工具栏按钮功能说明表

按钮图标	功　　能
	设置或调整多个对象获得焦点的 Tab 键次序
	打开或关闭数据环境设计器窗口
	打开或关闭属性窗口
	打开或关闭代码窗口
	打开或关闭表单控件工具栏
	打开或关闭调色板工具栏
	打开或关闭布局工具栏
	打开或关闭表单生成器窗口
	打开或关闭自动格式生成器窗口

（2）设置表单的数据环境

单击表单设计器工具栏上的"数据环境"按钮，打开数据环境设计器窗口。如果数据环境为空，同时还会弹出图 7-10 所示的"添加表或视图"对话框，选择 Xsqk 表，然后单击"关闭"按钮。添加 Xsqk 表后的数据环境设计器窗口如图 7-11 所示。

数据环境与表单一起保存，当打开或关闭表单时，数据环境中的表随之打开或关闭。

■ 向数据环境添加表

在数据环境设计器窗口中，右击空白处，在快捷菜单中单击"添加"菜单，将弹出图7-10所示的"添加表或视图"对话框，在该对话框中添加 Xscj 表，然后单击"关闭"按钮。添加后的数据环境设计器窗口如图 7-12 所示。

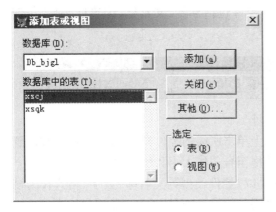 

图 7-10   图 7-11

■ 在数据环境设计器中设置关系

如果添加到数据环境设计器的表在数据库中已建立永久关系,那么这些关系也将自动添加到数据环境中。若表间无永久关系,只需先在主表中单击链接字段,将其拖到相关表的匹配索引标识上,系统便会自动建立一个关系。

在数据环境中设置 Xsqk 表和 Xscj 表的表间关系,设置好后如图 7-12 所示。

图 7-12

当表从数据环境中移去时,与该表有关的所有关系将取消。

■ 向表单添加字段或表格

向表单添加字段,只需从数据环境设计器窗口中将所需字段拖动到表单中,然后调整到合适的位置和大小,表单生成器自动为它们选择一个合适的控件。

同样方法,向表单添加表格,只需将数据表拖动到表单窗口的适当位置即可。向表单添加字段和表格后的窗口如图 7-13 所示。

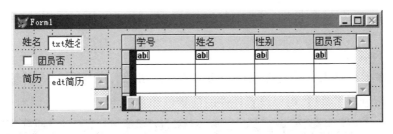

图 7-13

(3)向表单添加控件

控件是放在表单上用以显示数据、执行操作或使表单更易阅读的一种图形对象。

表单控件工具栏如图 7-14 所示。VFP 的控件包括标签、文本框、编辑框、命令按钮等,可使用表单控件工具在表单上进行绘制。

图 7-14

向表单添加控件,首先在表单控件工具栏上单击所需的控件按钮,将鼠标指针移动到表单上,然后单击鼠标左键放置控件并把控件拖至合适的大小和位置即可。

一般来说,将某个控件添加到表单后,它是以"控件类型英文名称+数字"格式作为该控件的默认对象名或标题,用户可以修改。当同种控件添加多次时,以数字递增方式来标识各个对象。

如在同一个表单中添加 3 个标签对象,则 3 个对象的默认名称和标题分别为"Label1""Label2"和"Label3"。

(4)对齐控件

单击表单设计器工具栏中的"布局工具栏"按钮,打开布局工具栏。使用布局工具栏,可以快速对齐表单上的控件。

〔想一想〕

①如何从表单的数据环境中移去表?

②如何选择多个控件?

③如何对齐多个控件?

④如何删除控件?

(5)设置控件颜色

单击表单设计器工具栏上的"调色板工具栏"按钮,打开图 7-15 所示的调色板工具栏。使用调色板工具栏,可以设置控件的前景色和背景色。

图 7-15

设置控件颜色的方法是：选定控件后，选择调色板工具栏的前景色或背景色。

（6）保存和运行表单

在运行表单之前需要先将它保存。如果在未保存之前就试图运行表单或关闭表单，VFP 均弹出一个是否保存的提示信息框。

单击"文件"→"保存"菜单，或单击常用工具栏上的"保存"按钮，都能达到保存表单的目的。表单文件的扩展名为".scx"，同时还有一个扩展名为".sct"的辅助文件。

VFP 提供了多种运行表单的方法，可以直接单击常用工具栏上的"运行"按钮，也可使用 Do Form <表单文件名> 命令来运行表单。

2.表单的常用属性、事件和方法

（1）表单的常用属性

表单通常由标题栏和工作区 2 部分组成。在标题栏中，从左到右依次是控制菜单、图标、标题和控制按钮；在工作区中，还要考虑是否需要一幅示意性的背景图片。表单的基本结构如图 7-16 所示。

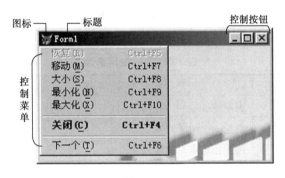

图 7-16

◆BorderStyle　设置表单边框的样式，默认值为 3。属性取值及含义如表 7-3 所示。

表 7-3　BorderStyle 属性值表

取　值	含　义	不同点	相同点
0	无边框	边框固定	有标题栏、控制菜单、最大化、最小化按钮和关闭按钮
1	单线边框		
2	固定对话框		
3（默认值）	可调边框	边框可调	

◆TitleBar　设置是否显示表单的标题栏。默认值为 1，显示标题栏。

◆Icon　设置显示在表单上的代表图标。

◆Caption　设置表单的标题。

◆ControlBox　设置是否显示表单的控制菜单和控制按钮。默认值为.T.。

◆MaxButton、MinButton、Closable　设置表单的最大化、最小化按钮是否显示及关闭按钮是否有效。默认值为.T.。

◆Picture　设置显示在表单上的图形文件，可作为表单的背景。

◆AutoCenter　设置表单每次运行时,是否在 VFP 主窗口中居中。默认值为.F.,即表单每次运行时的初始状态由设计时的坐标位置决定。

◆Visible　指定对象是可见还是隐藏。

◆WindowState　设置表单每次运行时的初始状态。属性取值及相应功能如表 7-4 所示。

表 7-4　WindowState 属性值表

属性值	功能简述
0(默认值)	每次运行表单时的初始状态为设计时的大小
1	每次运行表单时的初始状态为最小化方式
2	每次运行表单时的初始状态为最大化方式

(2)表单的常用事件

VFP 采用事件驱动的编程机制,当表单运行时能识别一系列事件。表单的常用事件如表 7-5 所示。

表 7-5　表单常用事件

事件名称	触发条件
Load	表单被加载到内存时发生
Init	创建一个对象时发生
Click	用鼠标单击对象时发生
Destroy	释放一个对象时发生
Unload	表单从内存释放时发生

Load 事件常用来完成表单的一些初始化操作,如定义变量等。

Init 事件常用来完成表单对象的初始化操作,如设置与某个控件绑定的数据源等。

当表单和表单中的对象初始化完成后,则表单界面就呈现在屏幕上。当用户单击某个对象时,则系统就会自动执行与 Click 事件相关的过程代码。

释放表单时,Destroy 事件比 Unload 事件优先触发。在表单的 Destroy 事件中,常用于恢复表单运行前的环境。

(3)表单的常用方法

表单的常用方法如表 7-6 所示。

表 7-6　表单的常用方法

方法名称	功能说明
Show	显示表单
Hide	隐藏表单,但仍在内存中
Refresh	刷新表单及各控件对象的属性值
Release	从内存中释放表单

3.标签控件 **A** 设计(Label)

标签控件是一种用于存放静态文本的控件,最常见的用途是标识字段,也可用来说明表单上的区域信息或其他对象。

◆Caption 设置标签控件所显示的文本内容。

修改标签文本的几个相关属性如表7-7所示。

表 7-7 修改标签文本的相关属性表

属 性	功能简述
FontName	设置标签文本的字体类型,如"宋体"、"黑体"等
FontSize	设置标签文本的字体大小
FontBold	设置标签文本是否为粗体
ForeColor	设置标签文本的字体颜色
BackColor	设置标签文本的背景色

标签的 Caption 属性最多有 256 个字符,在表单运行期间,不能直接编辑,但可在程序中通过代码修改 Caption 属性,让标签显示不同的内容。

◆AutoSize 设置是否根据标题长度来调整标签的大小。默认值为.F.,不自动调整。

◆BackStyle 设置标签是否透明。默认值为 1,背景不透明。

◆WordWrap 确定标签上显示的文本能否换行。默认值为.F.,不换行。

默认情况下,标签控件所显示的是单行文本,可通过设置 WordWrap 属性为.T.来让它显示多行文本。

4.设计班级管理系统主界面表单

具体实现步骤如下:

①启动表单设计器。

②向表单添加控件。向表单添加 2 个标签对象,添加后的设计界面如图 7-17 所示。

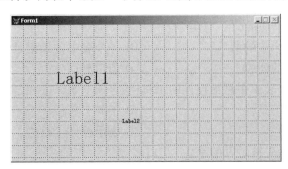

图 7-17

③修改对象属性。在属性窗口中按表 7-8 所示设置依次修改各个对象的属性。

表 7-8　主界面表单的属性设置表

对象名称	属性名	设置值
Form1	AuotCenter	.T.—真
	BorderStyle	2—固定对话框
	Caption	班级管理系统
	Hight	350(可为任意值)
	Icon	请找扩展名为.Ico 的图标
	MaxButton	.F.—假
	Picture	请找一张背景图片
	Width	550(可为任意值)
Label1 Label2	AutoSize	.T.—真
	Caption	按图 7-8 所示的内容修改
	BackStyle	0—透明

④添加事件代码。在表单 Form1 的 Click 事件中编写以下代码:

ThisForm.Label1.Visible = .F.

ThisForm.Label2.Visible = .F.

⑤测试表单。单击常用工具栏上的"运行"按钮,弹出是否保存的提示信息框,单击"是"按钮,以 MainForm.scx 作为表单文件名保存到 D 盘的 Vfpex 目录中,即可测试表单。

练习与思考

1._____属性设置表单的边框样式,_____属性设置是否显示表单的标题栏。

2.表单被加载到内存时触发的事件是_____,对象从内存释放时触发的事件是_____,从内存释放表单时触发的事件是_____。

3.刷新当前表单的命令是_____。释放当前表单的命令是_____。

4.在 VFP 中,表单是指(　　)。

　A.数据库中各个表的清单　　　　　B.一个表中各条记录的清单

　C.数据库查询的列表　　　　　　　D.窗口界面

5.设计表单时,向表单中添加控件的工具栏是(　　)。

　A.表单设计器工具栏　　　　　　　B.布局工具栏

　C.调色板工具栏　　　　　　　　　D.表单控件工具栏

6.下列事件中,最先被触发的是(　　)。

　A.Load　　　　　　　　　　　　　B.Unload

　C.Init　　　　　　　　　　　　　　D.Destroy

7.(　　)用于设置表单首次运行时的状态。

　A.Caption　　　　　　　　　　　　B.Name

　C.TitleBar　　　　　　　　　　　　D.WindowState

任务三 设计密码表单

任务概述

在本任务中,将使用标签、文本框和计时器控件来设计一个密码表单,其表单文件名为 PassForm.scx。运行时,"班级管理系统"阴影字幕从表单的右边向左边运动。在文本框中输入密码,输入正确时,才能进入班级管理系统的主界面(MainForm.scx);否则清空文本框,等待再次输入,直到正确为止。

密码表单的运行界面如图 7-18 所示,设计界面如图7-19所示。

1.分支流程控制

图 7-18 所示表单运行后,等待用户输入密码。当输入正确时,才能进入班级管理系统的主界面。因此,在数据处理过程中,常根据不同的情况来决定执行不同的操作,则就需要使用分支结构流程控制语句。

图 7-18

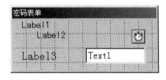

图 7-19

(1)单分支语句(If … EndIf)

格式:If <条件表达式>

   <语句序列>

  EndIf

功能:当条件表达式为真时,才执行<语句序列>;否则直接跳过。

其执行流程如图 7-20 所示。

【例7-2】 当变量 Num 的值大于3 时,释放密码表单,清除事件响应,关闭所有应用程序。其代码如下:

```
If Num>3
    ThisForm.Release
    Clear Events
    Close All
EndIf
```

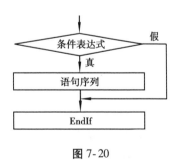

图 7-20

〔提示〕

If 和 EndIf 必须配对使用。为了便于阅读程序,避免遗漏和配对错误,常采用缩进编排形式,即采用锯齿状书写。

（2）选择分支语句（If… Else… EndIf）

格式：If <条件表达式>

　　　　<语句序列1>

　　　Else

　　　　<语句序列2>

　　　EndIf

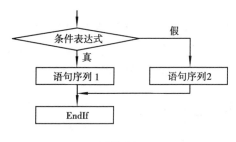

图 7-21

```
If InputPass = "12345678"
    ThisForm.Release
    Do Form MainForm
Else
    Num = Num+1
EndIf
```

功能：当条件表达式为真时，执行<语句序列1>；否则执行<语句序列2>。

其执行流程如图 7-21 所示。

【例7-3】　用变量 InputPass 存放用户输入的密码，变量 Num 存放密码输入次数，当用户输入的密码与预设密码"12345678"相符时，关闭密码窗口，并调用 MainForm.scx 表单，否则 Num 的值增加1。程序代码如下：

〔做一做〕

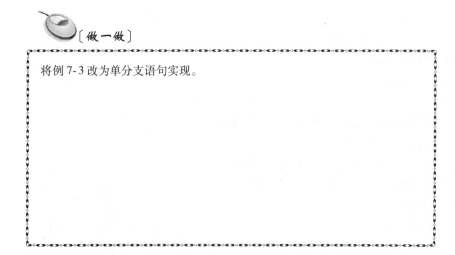

将例7-3改为单分支语句实现。

（3）多分支语句（Do Case）

格式：Do Case

　　　　Case <条件表达式1>

　　　　　　<语句序列1>

　　　　Case <条件表达式2>

　　　　　　<语句序列2>

　　　　　　⋮

Case ＜条件表达式 n＞

   ＜语句序列 n＞

［OtherWise

   ＜语句序列 n+1＞］

 EndCase

功能:从多个分支中选择一个满足条件的分支去执行相应的语句序列。

其执行流程如图 7-22 所示。

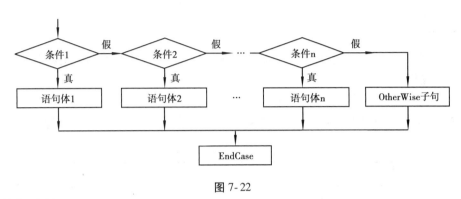

图 7-22

执行过程:

依次判断各个条件表达式,当遇到第一个条件成立时,则执行该条件下的语句体,然后执行 EndCase 之后的语句。若所有条件不成立,则执行 OtherWise 后面的语句体,OtherWise 为可选项。应用多分支语句时应考虑到所有可能的情况。

【例 7-4】 根据图 7-23 所示标准对学生成绩表中第 1 条记录的语文成绩进行等级评定。

```
Use Xscj
Do Case
    Case 语文>=90
        ?"优"
    Case 语文>=80
        ?"良"
    Case 语文>=60
        ?"中"
    Case 语文<60
        ?"差"
EndCase
```

语文∈[90~100]	优
语文∈[80~90)	良
语文∈[60~80)	中
语文∈[0~60)	差

图 7-23

有时,多分支语句也可用选择分支的嵌套来实现。可用如下代码实现例 7-4 的功能:

```
Use Xscj
If 语文>=80
    If 语文<90
        ?"良"
    Else
        ?"优"
```

```
            EndIf
        Else
            If 语文>=60
                ?" 中"
            Else
                ?" 差"
            EndIf
        EndIf
    EndIf
```

2.文本框控件 **abl**

文本框控件常用于建立单行文本显示或编辑区,以实现各种不同类型数据的输入、显示或修改操作。

(1)常用属性、事件和方法

◆Alignment　指定文本框中文本的对齐方式。属性取值及相应功能如表7-9所示。

表 7-9　Alignment 属性值表

属性值	功　能
0	左对齐
1	右对齐
2	居中
3(自动,默认值)	文本在文本框内左对齐

◆ControlSource　用于实现与数据表中字段的绑定。将文本框与数据表中的某字段绑定后,可实现对字段值的显示或编辑。

◆Value　在运行期间可设置或返回文本框的内容。

◆IMEMode　当文本框获得焦点时,设置中文输入法的状态。属性取值及相应功能如表7-10所示。

表 7-10　IMEMode 属性值表

属性值	功　能
0(缺省)	保存原状态不变
1	中文输入法自动打开
2	中文输入法关闭

◆MaxLength　设置文本框允许输入的最大字符数。默认值为0,可接收任意个字符。

◆PassWordChar　设置在文本框中输入密码时的替代显示字符,常与 MaxLength 属性配合使用。

◆ReadOnly　设置文本框内容是否为只读,默认值为.F.。

◆TabIndex　指定表单中各对象的 Tab 键次序。

文本框能响应的最主要的事件和常用方法如表7-11所示。

148

表 7-11　文本框的主要事件和常用方法

对象	名　称	说　明
事件	InteractiveChange KeyPress GotFocus LostFocus	文本框的内容改变时发生 键盘按键时发生 单击或按 Tab 键使文本框获得焦点时发生 文本框失去焦点时发生
方法	SetFocus Refresh	使文本框获得焦点 刷新文本框中所显示的内容

3.计时器控件 ⏰

计时器控件独立于用户的操作之外,对其 Timer 事件编写代码,可在一定的时间间隔重复执行某种操作。计时器控件运行时不可见,与其位置和大小无关。

常用属性有:

◆Enabled　设置计时器控件是否有效。

若计时器在表单运行时就开始工作,在设计时可将其属性置为.T.,否则为.F.。也可选择一个外部事件来启动计时器,如命令按钮的 Click 事件。

◆Interval　设置计时器触发 Timer 事件的时间间隔,单位为毫秒(ms)。若每隔 1 s(秒)触发一次 Timer 事件,则该属性应设置为 1000。

4.设计密码表单

具体设计步骤如下:

①启动表单设计器。

②向表单添加控件。添加 3 个标签对象、1 个文本框对象和 1 个计时器控件,并按图7-19 所示设计界面。

③修改对象属性。在属性窗口中按表 7-12 所示设置各对象属性。

表 7-12　密码表单的属性设置表

对象名称	属性名	设置值
Form1	AuotCenter BorderStyle Caption ControlBox	.T.—真 2—固定对话框 密码表单 .F.—假
Label1 Label2	AutoSize Caption BackStyle FontName FontSize	.T.—真 班级管理系统 0—透明 黑体 14(可为任意值)

续表

对象名称	属性名	设置值
Label3	AutoSize Caption FontSize	.T.—真 请输入密码： 14（可为任意值）
Text1	MaxLength PassWordChar	8 *
Timer1	Interval	100

④制作阴影效果。设置 Label2 的 ForeColor 属性值为"255,255,255"，并调整其位置，与 Label1 形成阴影字幕效果。

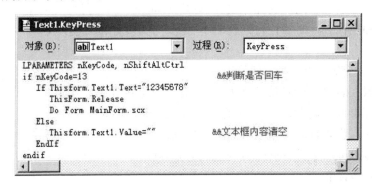

图 7-24

⑤添加过程代码。在文本框 Text1 的 KeyPress 事件中添加图 7-24 所示的代码，在 Timer1 对象的 Timer 事件中添加图 7-25 所示的代码。

⑥测试表单。单击常用工具栏上的"运行"按钮，弹出是否保存的提示信息框，单击"是"按钮，以"PassForm.scx"作为密码表单的文件名保存到 D 盘的 Vfpex 目录中，即可测试表单。

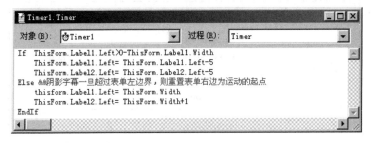

图 7-25

〔小结〕

标签控件与文本框控件的不同点：
①标签没有数据源，文本框可以有数据源。
②标签只能显示内容，文本框既可显示也可编辑。
③标签不能用 Tab 键选择，文本框可以用 Tab 键选择。

〔想一想〕

①最多允许用户 3 次输入密码，如何实现？

②密码表单制作完成后，怎样测试是否达到设计要求？

〔小结〕

在表 7-13 中总结出各类控件的用途、常用属性和事件。

表 7-13　密码表单控件总结表

控件名称	用　途	常用属性	典型事件
标　签			
文本框			
计时器			

练 习 与 思 考

1.文本框和标签是 Windows 应用程序的 2 个重要的输入和输出控件。_____常用于显示静态文本信息，_____则常用于建立文本输入或编辑区。

2.若要访问用户在文本框中输入的文本，可通过访问_____属性来实现。

3.编程时，若要定时执行某一程序段，可利用_____控件_____事件来实现。在该对象中，用于设置定时时长的属性是_____，单位是_____。若要使定时无效，可设置其_____属性值为.F.。

4.若不允许修改文本框显示内容，应将其(　　)属性设置为.T.。

    A.ReadOnly　　　　　　　　　B.Value

    C.ScrollBars　　　　　　　　 D.MaxLength

5.上机实现

设计一个表单显示当前日期和时间。表单的执行屏幕如图 7-26 所示,其设计界面如图 7-27 所示。

图 7-26

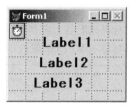

图 7-27

任务四　设计学生成绩表单

任务概述

在本任务中,将主要使用标签框、文本框、命令按钮等控件来设计一个学生成绩表单,文件名为"XscjForm.scx"。其运行界面如图7-28所示,设计界面如图7-29所示。

运行该表单,显示学生成绩表的相应字段值。学号、姓名和总分的文本框内容只读,修改语文、数学和英语成绩时,总分自动完成统计。

在"请输入要查找的学号:"文本框中输入学号后回车或单击"查找"按钮,若查找到相应记录,则显示该记录;否则弹出图 7-30 所示的消息框。

图 7-28

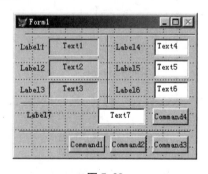

图 7-29

1.消息框设计(MessageBox( )函数)

格式:MessageBox(对话框正文[,对话框风格[,对话框标题]])

图 7-30

图 7-31

功能:显示用户自定义对话框,既可用来显示消息,也能让用户进行简单选择。其组成如图 7-31 所示。

对话框风格由按钮数目及样式、图标样式、默认按钮 3 部分数值的累加和确定,各部分的类型与对应的值如表 7-14 所示。

表 7-14 对话框风格含义表

所属部分	值	功能说明
按钮数目及样式	0	显示"确定"按钮
	1	显示"确定"和"取消"按钮
	2	显示"终止""重试"和"忽略"按钮
	3	显示"是""否"和"取消"按钮
	4	显示"是"和"否"按钮
	5	显示"重试"和"取消"按钮
图标样式	16	显示严重错误图标
	32 或 46	显示蓝色问号图标
	48	显示黄色感叹号图标
	64	显示蓝色Ⅰ型图标
默认按钮	0	第 1 个按钮作为默认按钮
	256	第 2 个按钮作为默认按钮
	512	第 3 个按钮作为默认按钮

若要显示图 7-30 所示的对话框,实现语句为:

MessageBox("记录不存在!",48,"提示")

用户做出选择后,MessageBox( )函数返回相应的值。用户选择与返回值之间的对照关系如表 7-15 所示。

表 7-15 用户选择与返回值对照表

返回值	用户选择	返回值	用户选择
1	单击了"确定"按钮	5	单击了"忽略"按钮
2	单击了"取消"按钮	6	单击了"是"按钮
3	单击了"终止"按钮	7	单击了"否"按钮
4	单击了"重试"按钮		

【例 7-5】 在图 7-31 所示对话框中,当单击"是"按钮时,退出班级管理系统。
实现代码为:

```
Ret=MessageBox("真的要退出吗?",4+32+256,"班级管理系统")
If Ret=6
    Clear Events
    Close All
    Quit
EndIf
```

2.命令按钮控件 ▱

命令按钮一般用来完成某项特定的操作,例如关闭表单、打印报表等。

常用属性有:

◆Caption　设置命令按钮的标题。

命令按钮既可用鼠标操作,也可用键盘热键操作。定义热键的方法是:设置 Caption 属性时,在标题后面加上"\<字母"符号即可。热键为带下划线字母,当按下 Alt 键+热键字母时,执行命令按钮的 Click 事件代码。

◆Default 与 Cancel

Default——设置命令按钮是否为表单的默认命令按钮。

Cancel——设置命令按钮是否为表单的取消命令按钮。

若某命令按钮为默认按钮,当用户按回车键时,执行该命令按钮的 Click 事件代码。若某个命令按钮设置为取消按钮,当用户按 Esc 键时,执行该按钮的 Click 事件代码。

一个表单中只有一个默认命令按钮和一个取消命令按钮。一个命令按钮只能设置为默认命令按钮或取消命令按钮。

◆Enabled　设置命令按钮能否接收或响应用户事件。默认值为.T.。若设置为.F.,则命令按钮对事件无反应。

命令按钮的主要事件为 Click。常用方法是 SetFocus,使命令按钮获取焦点。

3.设计学生成绩表单

具体实现步骤如下:

①启动表单设计器窗口。

②添加控件。向表单添加 7 个标签、7 个文本框和 4 个命令按钮,按图 7-29 设计界面。

③设置对象属性。在属性窗口中按表 7-16 设置各对象属性。

表 7-16　学生成绩表单的属性设置表

对象名	属性名	设置值
Form1	BorderStyle Caption MaxButton	2—固定对话框 学生成绩表单 .F.—假
Label1 ⋮ Label7	AutoSize Caption BackStyle	.T.—真 按图 7-28 所示内容修改 0—透明
Text1…Text3	Alignment ReadOnly	2—中间 .T.—真
Command1…Command4	Caption Cancel	按图 7-28 所示标题修改 将 Command3 的该属性设置为.T.

④添加过程代码。

■ 表单 Form1 的 Init 事件代码

　　Close all

　　*因为"姓名"字段来自于 Xsqk 表,其他字段来自于 Xscj 表

　　*以下语句建立 Xscj 表与 Xsqk 表的临时关系

　　Select 1

Use Xscj

Select 2

Use Xsqk

*若 Xsqk 表中"学号"字段的主索引标识 Xh 不存在,请建立

Set Order To Xh

Select 1

Set Relation To 学号 Into B

*刚运行表单时,Command1 按钮不可用

ThisForm.Command1.Enabled = .F.

*以下语句的功能是将各个文本框绑定到相应字段上

ThisForm.Text1.ControlSource = "Xscj.学号"

ThisForm.Text2.ControlSource = "Xsqk.姓名"

ThisForm.Text3.ControlSource = "Xscj.总分"

ThisForm.Text4.ControlSource = "Xscj.语文"

ThisForm.Text5.ControlSource = "Xscj.数学"

ThisForm.Text6.ControlSource = "Xscj.英语"

■ 命令按钮 Command1 的 Click 事件代码

Skip −1

ThisForm.Command2.Enabled = .T.

If Bof( )

   Thisform.Command1.Enabled = .F.

   Go Top

EndIf

ThisForm.Refresh

■ 请编写命令按钮 Command2 的 Click 事件代码

■ 文本框 Text4、Text5 和 Text6 的 LostFocus 事件代码

   Replace 总分 With 语文+数学+英语

   ThisForm.Refresh

■ 文本框 Text7 的 KeyPress 事件代码

   If nKeyCode = 13   && 判断是否按了回车键

     Go Top

     Locate For 学号 = AllTrim(ThisForm.Text7.Value)

```
        If Found( )
            ThisForm.Refresh
        Else
            MessageBox("记录不存在!",48,"提示")
        EndIf
        ThisForm.Text7.Value=" "
    EndIf
```

■ 请编写命令按钮 Command3 的 Click 事件过程代码

■ 请编写命令按钮 Command4 的 Click 事件过程代码

⑤绘制立体直线。利用表单控件工具栏中的直线控件 ╲ 在表单中画一条直线 Line1,然后再复制出一条直线 Line2,将其中的一条直线的 BackColor 属性置为白色,然后移动使其重合,实现绘制立体直线的效果。

将所得到的一组立体直线复制多次,按图 7-29 所示摆放好位置,达到功能分区效果。

⑥设置 Tab 键次序。根据按 Tab 键时光标在表单中各个对象跳转的实际情况,设置各个对象的 TabIndex 的值。

⑦测试表单。单击常用工具栏上的"运行"按钮,弹出是否保存的提示信息框,单击"是"按钮,以"XscjForm.scx"作为学生成绩表单的文件名保存到 D 盘的 Vfpex 目录中,即可测试表单。

[注意]

若不能浏览学生成绩表,则需将 D 盘的 Vfpex 目录设置为默认路径。

练习与思考

1.若为"确定"按钮定义一个热键 O,则在 Caption 属性中输入内容为_____。

2.表单上有"确定"、"取消"和"应用"3个按钮,把"确定"按钮设置为默认命令按钮,则需将_____属性设置为.T.;把"取消"按钮设置为取消命令按钮,则需将_____属性设置为.T.。

3.在表单中创建第一个命令按钮对象,其默认名为(　　　)。

　　A.Label1　　　　　　　　　B.Text1

　　C.Timer1　　　　　　　　　D.Command1

4.使命令按钮不响应用户操作,可设置(　　　)属性为.F.。

　　A.Cancel　　　　　　　　　B.Default

　　C.Enabled　　　　　　　　　D.Caption

任务五　设计学生情况表单

任务概述

在本任务中,将主要使用文本框、编辑框、命令按钮、选项按钮组、复选框、OLE 等控件设计一个学生情况表的记录查询或修改的表单,文件名为"XsqkForm.scx"。该表单运行界面如图 7-32 所示,设计界面如图 7-33 所示。

图 7-32

表单运行时,显示学生情况表中当前记录内容,并能进行修改。单击各个命令按钮,可执行相应功能。

1.选项按钮组

选项按钮组,就是包含单选按钮的控件数组,允许用户在指定的几个操作选项中选中一个。

常用属性有:

◆BorderStyle　用于设置选项按钮组周围是否有一个立体感的凹陷边框。

◆ButtonCount　用于设置选项按钮组中单选按钮的个数,默认值为 2。

◆Value　判断选项按钮组中第几个按钮处于选中状态,其值为数值型。

◆ControlSource　指定与数据表绑定的字段名称。通常将选项按钮组与数据表中字符型字段绑定。

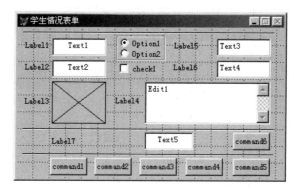

图 7-33

◆Caption　设置单选按钮的标题。

最主要的事件是 Click,常用方法是 Refresh。

〔提示〕

　　右击选项按钮组对象,在快捷菜单中选择"编辑"菜单,按钮组的周围出现一个蓝绿色的矩形方框,此时,就可修改单选按钮对象的属性。

2.复选框 ☑

复选框用来指明一个选项是否被选定。复选框彼此独立,一个表单可有多个复选框。常用属性有:

◆Value　设置或返回复选框的状态。Value 属性取值及相应功能如表 7-17 所示。

表 7-17　Value **属性值表**

属性值	功　能
0(默认值)	复选框没被勾选
1	复选框被勾选
2	复选框变灰,不能使用

◆ControlSource　用于与数据表字段进行绑定。

通常将复选框与数据表中某一逻辑字段绑定,若该字段当前值为真,复选框显示为勾选;若为假,复选框未勾选;若当前值为 Null,则复选框显示为灰色,不能使用。

常用事件是 Click,常用的方法是 Refresh。

〔想一想〕

　　选项按钮组和复选框可分别与什么类型字段绑定? 如何根据字段值来控制各自的状态?

3.编辑框

编辑框允许用户编辑不限制长度的多行文本,可用来编辑数据表的备注字段。

常用属性有:

◆ControlSource　用于指定与编辑框绑定的数据表字段。可将编辑框的 ControlSource 属性设置为某数据表的备注型字段。

◆ScrollBars　设置滚动条。默认值为 2,有垂直滚动条;若设置为 0,则没有滚动条。

4.ActiveX 绑定控件

单击"ActiveX 绑定"按钮,并在表单中拖至适当的大小,就可在表单中创建一个绑定型的 OLE 控件。创建后,可设置其 ControlSource 属性,将它与表中的通用型字段链接。

5.设计学生情况表单

具体实现步骤如下:

①启动表单设计器。

②设置数据环境。将学生情况表添加到数据环境中。

③添加控件。向表单添加 7 个标签、5 个文本框、1 个编辑框和 6 个命令按钮,按图 7-33设计界面。

④修改对象属性。在属性窗口中按表 7-18 所示设置依次修改各个对象的属性。

表 7-18　学生情况表单的属性设置表

对象名称	属性名	设置值
Form1	BorderStyle Caption MaxButton	2—固定对话框 学生情况表单 .F.—假
Label1 ⋮ Label7	AutoSize Caption BackStyle	.T.—真 按图 7-32 所示内容修改 0—透明
Text1 ⋮ Text4	Alignment ControlSource	2—中间 按图 7-32 所示标题与相应字段绑定
Command1 ⋮ Command6	Caption Cancel Enabled Default	按图 7-32 所示的标题修改 将 Command1 的该属性设置为.T. 将 Command1 的该属性设置为.F. 将 Command5 的该属性设置为.T.
OptionGroup1	BorderStyle ControlSource	0—无 Xsqk.性别
Option1	Caption	男
Option2	Caption	女
Check1	Caption ControlSource	团员否 Xsqk.团员否
Edit1	ControlSource	Xsqk.简历
OLEBoundControl1	ControlSource	Xsqk.照片

⑤添加过程代码。

■ 编写命令按钮 Command1 的 Click 事件代码

■ 编写命令按钮 Command2 的 Click 事件代码

■ 命令按钮 Command3 的 Click 事件代码
    Append Blank
    ThisForm.Refresh
■ 命令按钮 Command4 的 Click 事件代码
    Delete
    Pack   && 建议谨慎使用物理删除命令
    ThisForm.Refresh

■ 命令按钮 Command5 的 Click 事件代码
    ThisForm.Release
    Close All
■ 请编写文本框 Text5 的 KeyPress 事件代码

■ 请编写命令按钮 Command6 的 Click 事件代码

---

⑥绘制立体直线。按图 7-33 所示依次绘制各组立体直线。

⑦设置 Tab 键次序。根据按 Tab 键时光标在表单中各个对象跳转的实际情况,设置各个对象的 TabIndex 的值。

⑧运行表单。单击工具栏上的"运行"按钮,弹出是否保存的提示信息框,单击"是"按钮,以"XsqkForm.scx"为文件名保存到 D 盘的 Vfpex 目录中,即可运行表单。

 〔小结〕

在表 7-19 中总结出各类控件的用途、常用属性和典型事件。

表 7-19　学生情况表单控件总结表

控件名称	用　途	常用属性	典型事件
命令按钮			
复选框			
单选按钮组			
编辑框			
OLE 绑定控件			

练习与思考

1._____用于设置选项按钮组的按钮个数,默认值为_____。

2.通常情况下,选项按钮组与_____型字段绑定,而复选框与_____型字段绑定。编辑框与_____型字段绑定,而 OLE 控件与_____型字段绑定。

3.单行文本编辑控件是_____。若要编辑多行文本,可利用_____控件来实现。

4.要使选项按钮组的周围无边线,应将其(　　)属性设置为 0。
　　A.BorderStyle　　　　　　　　B.Value
　　C.ButtonCount　　　　　　　　D.ControlSource

5.判断某复选框是否被选中,可通过访问其(　　)属性值来实现。
　　A.Selected　　　　　　　　　　B.Name
　　C.ControlSource　　　　　　　D.Value

任务六　设计成绩统计表单

任务概述

本任务主要使用标签框、文本框等控件来设计一个成绩统计表单,文件名为 CjtjForm.scx。运行成绩统计表单,统计学生成绩表中语文、数学和英语的最高分、最低分、总分和平均分。

表单运行界面如图 7-34 所示,设计界面如图 7-35 所示。

图 7-34

图 7-35

1.循环流程控制语句

在图 7-34 所示界面中,要统计语文的最高分,通常方法是先将第 1 条记录的语文字段值赋给一个变量(如 YwMax);然后移动记录指针,将 YwMax 变量与第 2 条记录的语文字段值进行比较,并将其较大者存入变量中;再将 YwMax 的值与第 3 条比较,重复比较操作,直到文件末,YwMax 变量值即为语文最高分。

设计程序时,常常在某种条件下执行重复操作,即重复执行相同的程序代码。能够完成重复操作的程序称为循环结构程序,其特点是将程序中的某段代码重复执行。

(1)Do While 语句

EndDo　　　　　　——循环尾

功能:当<条件表达式>为真时,重复执行语句体;否则,结束循环,执行 EndDo 后面的语句。

Do While 语句的执行流程如图7-36所示。

执行过程:

当程序执行到循环语句时,首先判断条件表达式,如果条件为真,执行循环体;否则退出循环,继续执行 EndDo 后面的语句。

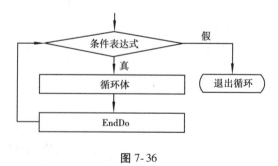

图 7-36

说明:

①Do While 和 EndDo 必须配对使用。

②Loop 语句的作用是结束本次循环,继续下次循环;Exit 语句的作用是结束整个循环。这两个辅助语句经常和分支语句一起使用。

【例7-6】 统计1~10之间所有整数的累加和。程序代码如下：

```
S=0                        && S 变量统计累加和,初始化为 0
N=1                        && N 为循环控制变量,赋初值为 1
Do While N<=10
    S=S+N
    N=N+1
EndDo
?"1~10 之间的累加和为:",S
```

用 Do While 语句逐条处理数据表的记录,其循环条件为 Not Eof( )。在循环体中用 Skip 命令移动记录指针,修改循环条件,以便逐条处理记录。

【例7-7】 统计学生成绩表中语文学科的最高分、最低分、总分和平均分。程序代码如下：

```
Use Xscj
Num=Reccount( )            && 统计 Xscj 表的记录总数并赋值给 Num
Store 语文 To YwMax,YwMin
YwSum=0
Do While Not Eof( )
    YwSum=YwSum+语文
    If YwMax<语文
        YwMax=语文
    EndIf
    If YwMin>语文
        YwMin=语文
    EndIf
    Skip
EndDo
```

（2）Scan 语句

格式:Scan

   <语句体>

  EndScan

功能:遍历当前数据表的每一条记录,等价于以下语句:

```
Go Top
Do While Not Eof( )
    <语句体>
    Skip
EndDo
```

说明:用 Scan 语句操作数据表记录时,它自动从数据表的首记录开始,依次遍历数据表的每一条记录,直到数据表的末尾,与进入循环之前的记录指针位置无关。因此,在 Scan 和 EndScan 之间不需放置移动记录指针的命令。

【例7-8】 在学生成绩表中,按给定语文成绩的"优良中差"标准,进行等级评定。程序代码如下：

```
Use Xscj
Scan
   Do Case
      Case  语文>=90
              ?"优"
      Case  语文>=80
              ?"良"
      Case  语文>=60
              ?"中"
      Otherwise
              ?"差"
   EndCase
EndScan
```

（3）For 语句

格式：For 循环控制变量=初值 To 终值［Step 步长］

```
   <语句体>
   ［Exit］
   ［Loop］
EndFor
```

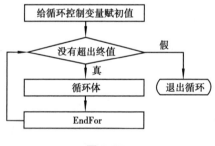

图 7-37

功能：根据循环控制变量指定的次数执行 <语句体>，当循环变量的值大于终值时退出循环。若缺少 Step 子句，默认递增 1。其执行流程如图 7-37 所示。

执行过程：

①给循环控制变量赋初值，判断是否大于终值。

②如果没超出终值，执行循环体，然后调整循环控制变量，再次判断条件。

③如果超出终值，退出循环，继续执行 EndFor 后面的语句。

【例 7-9】　求 1~100 之间的所有奇数之和。程序代码如下：

```
S=0
For I=1 To 100
   If I%2=1                  && 判断 I 是否为奇数
      S=S+I
   EndIf
EndFor
?S
```

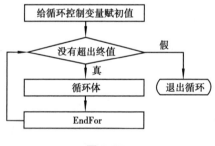

图中文字：给循环控制变量赋初值　没有超出终值　假　真　循环体　退出循环　EndFor

〔技巧〕

Do While、Scan 和 For 这 3 种循环语句可根据实际选用。通常情况下,Do While 语句适合按条件循环,Scan 语句专用于遍历数据表,For 语句用在事先知道循环次数的情况。

2.设计成绩统计表单

具体实现步骤如下:

①启动表单设计器。

②添加控件。向表单添加 9 个标签、14 个文本框和 1 个命令按钮,按图 7-35 设计界面。

③设置对象属性。在属性窗口中按表 7-20 设置各对象属性。

表 7-20　成绩统计表单中各控件的属性设置

对象名称	属性名	设置值
Form1	BorderStyle MaxButton	2—固定对话框 .F.—假
Label1 ⋮ Label9	AutoSize Caption BackStyle	.T.—真 按图 7-34 所示内容修改 0—透明
Text1 ⋮ Text14	Alignment ReadOnly	2—中间 .T.—真
Command1	Caption Cancel	返回 .T.—真

④添加事件代码。

■ 表单 Form1 的 Init 事件代码

```
ThisForm.Caption="高一年级"+"上期"+"各科成绩统计表单"
ThisForm.Text1.Value="高一年级"
ThisForm.Text2.Value="上期"
Use "Xscj"
Num=Reccount( )
Store 语文 To YwMax,YwMin
YwSum=0
Scan
    YwSum=YwSum+语文
    If YwMax<语文
        YwMax=语文
    EndIf
    If YwMin>语文
```

```
            YwMin＝语文
        EndIf
    EndScan
    Thisform.Text3.Value＝Str(YwMax,5,1)
    Thisform.Text4.Value＝Str(YwMin,5,1)
    Thisform.Text5.Value＝Str(YwSum,6,1)
    Thisform.Text6.Value＝Str(YwSum／Num,5,1)
    Go Top
```

〔做一做〕

＊编写数学和英语成绩统计代码,并在对应文本框中显示结果。

■ 编写命令按钮 Command1 的 Click 事件代码

⑤运行表单。单击常用工具栏上的"运行"按钮,弹出是否保存的提示信息框,单击"是"按钮,以"CjtjForm.scx"为文件名保存到 D 盘的 Vfpex 目录中,即可运行表单。

练习与思考

1.在 VFP 中,常用的循环控制语句有_____、_____和_____。若要退出循环,可使用_____语句来实现;若要结束本次循环,可使用_____语句来实现。

2.在 For … EndFor 循环中,循环体最少执行的次数是_____。

3.有如下的程序段,循环执行的次数是(　　)。

```
    I＝7
    Do While I>＝0
```

```
    Store I-2 To I
  EndDo
  A.4             B.5             C.6             D.7
4.Scan … EndScan 结构的语句,是通过(    )来控制循环。
  A.记录指针                      B.记录编号
  C.物理存储号                     D.符号
```

任务七　设计年级学期选择表单

任务概述

在本任务中,将主要使用标签、命令按钮和组合框等控件来设计一个年级学期选择表单,其文件名为 NjxqForm.scx。运行界面如图 7-38 所示,设计界面如图 7-39 所示。

图 7-38

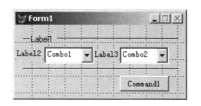

图 7-39

1.列表框█与组合框控件█

列表框是提供一系列可供选择条目的控件。在列表框中,任何时候都能显示多项。如果列表项的数目超出了列表框所能同时显示的最大数,则会自动增加一个垂直滚动条,供用户以滚动方式进行选择。

组合框有 2 种样式,即下拉组合框和下拉列表框。如果 Style 属性设置为 0,创建的是下拉组合框;如果 Style 属性设置为 2,创建的是下拉列表框。下拉列表框只允许用户从提供的列表项中选择;下拉组合框兼有列表框和文本框的功能,用户不但可以选择所提供的列表项,也可以直接输入一个新项。

图 7-40 为列表框、下拉列表框和下拉组合框各自的外观和风格特点。

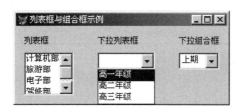

图 7-40

〔技巧〕

一般来说：如果表单上有足够空间，并强调可以选择的项，多用列表框；如果希望节省空间，强调当前选定的项，则用组合框。

（1）列表框与组合框控件的常用属性和方法

常用属性如表 7-21 所示，主要事件和常用方法如表 7-22 所示。

表 7-21　列表框与组合框的常用属性

属　性	功能简述
ColumnCount	设置列表框的列数。默认值为 0
ColumnWidth	当列表框以多列显示时，设置各列的显示宽度
ColumnLines	当列表框以多列显示时，设置各列是否有分隔线
ListIndex	设置或返回列表框或组合框中当前被选中的列表项的顺序号
Value	返回列表框或组合框中当前所选列表项的内容
Text	该属性为下拉组合框所特有，可获得用户选择或输入的内容
Style	指定组合框的样式
ControlSource	指定与列表框或组合框建立联系的数据源
RowSource	指定列表框或组合框中数据项的来源
RowSourceType	指定列表框或组合框中数据项的类型

表 7-22　列表框与组合框的主要事件和常用方法

类　别	名　称	功能简述
事件	Click	鼠标单击时发生
	DblClick	鼠标双击时发生
	Init	创建对象时发生
	InterActiveChange	当用户使用键盘或鼠标更改控件的值时发生
方法	AddItem	给 RowSourceType 属性值为 0 的列表添加列表项
	RemoveItem	从 RowSourceType 属性值为 0 的列表中删除一项
	Clear	清除 RowSourceType 属性值为 0 的列表项内容

■ AddItem 方法

格式：对象名.AddItem(cItem[,nIndex])

功能：给 RowSourceType 属性值为 0 的列表添加列表项。cItem 代表要添加的列表项内容，nIndex 为添加到列表中的顺序号。

【例 7-10】　AddItem 方法。

①将"短培部"列表项添加到图 7-40 的 List1 列表框中，实现代码为：

This.AddItem("短培部")

②若要将其添加到第 2 个列表项位置,实现代码为:

This.AddItem("短培部",2)

■ RemoveItem 方法

格式:对象名.RemoveItem(nIndex)

功能:从 RowSourceType 属性值为 0 的列表中删除指定的列表项。nIndex 代表要删除列表项的顺序号。

(2)为列表框或组合框选择数据源

通过设置 RowSourceType 和 RowSource 属性,可以用不同类型数据源中的项填充列表框或组合框。RowSourceType 用于设置填充源的数据类型,其取值为 0~9,其含义如表 7-23所示。RowSource 属性指定填充列表项的数据源。

表 7-23 列表框或组合框的 RowSourceType 属性值表

RowSourceType 属性	说 明
0—无(默认值)	不能自动填充列表项,只能通过方法程序实现
1—值	由 RowSource 属性来设置多个要在列表中显示的值
2—别名	可以在列表框中包含打开表中一个或多个字段的值
3—SQL 语句	将 SQL 语句生成的临时表作为列表项的数据源
4—查询	将.qpr 查询文件的查询结果作为列表项的数据源
5—数组	可用数组中的数据项来填充列表
6—字段	可用数据表中指定字段的值来填充列表
7—文件	用当前目录下的目录和文件来填充列表
8—结构	用当前表的字段来填充列表
9—弹出式菜单	用一个预先设计好的弹出式菜单来填充列表

■ 0—无(默认值)

如果将 RowSourceType 属性设置为 0,则不能自动填充列表项。常在列表框或组合框的 Init 事件过程中用 AddItem 方法添加列表项,用 RemoveItem 方法移去列表项。

【例 7-11】 当 RowSourceType 属性设置为 0,要向图 7-40 所示的 List1 列表框添加如图所示的列表项,则在 List1 的 Init 事件中添加如下代码:

This.RowSourceType=0

This.AddItem("计算机部")

This.AddItem("短培部")

This.AddItem("电子部")

This.AddItem("旅游部")

This.AddItem("驾修部")

This.RemoveItem(2)

■ 1—值

如果将 RowSourceType 属性设置为 1,可用 RowSource 属性指定多个要在列表中显示的值。RowSource 属性既可在属性窗口中设置,也可用代码设置,各列表项间用逗号分隔。

【例7-12】 当 RowSourceType 属性值为 1,向图 7-40 中的 Combo1 下拉列表框添加列表项,有如下 2 种实现办法:

①在属性窗口的 RowSource 属性框中输入列表项,各项间用逗号分隔。

②在表单 Form1 中添加 Init 事件代码:

ThisForm.Combo1.Style = 2

ThisForm.Combo1.RowSourceType = 1

ThisForm.Combo1.RowSource = "高一年级,高二年级,高三年级"

■ 2—别名

如果将 RowSourceType 属性设置为 2,在属性窗口的 RowSource 属性下拉框中选择已加入到数据环境中的某个表的别名,列表框中就可显示指定表的一个或多个字段的值。

【例7-13】 在图 7-41 所示的表单中添加 List1 列表框对象,若将 RowSourceType 属性设置为 2,在 RowSource 属性下拉框中选择 Xsqk 表。同时将 ColumnCount 属性设置为 3,ColumnWidths 属性设置为 100,100,100。该表单运行后界面如图 7-41 所示。

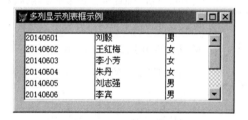

图 7-41

若将 ColumnCount 属性设置为 0 或 1,列表框只显示表中第 1 个字段的值。若设置为 2,则显示表中前 2 个字段的值,其余依此类推。

■ 3—SQL 语句

如果将 RowSourceType 属性设置为 3,则在 RowSource 属性中包含一个 SQL 语句,列表框就会将 SQL 语句查询得到的一个临时表显示出来。

【例7-14】 将图 7-41 所示的 List1 列表框的 RowSourceType 属性设置为 3,并在属性窗口的 RowSource 属性框中输入如下语句:

Select Distinct 性别 From Xsqk Into Cursor Temp1

该语句从学生情况表中查询"性别"字段的不同取值,将查询结果存放到 Temp1 临时表,并且在列表框中显示出来。

■ 6—字段

如果将 RowSourceType 属性设置为 6,则可以指定一个字段或用逗号分隔的一系列字段来填充列表框。

【例7-15】 在图 7-42 所示的表单中添加 List1 列表框对象,若将 RowSourceType 属性设置为 6,在属性窗口中的 RowSource 属性框中输入"学号,姓名,性别"。同时将 ColumnCount 属性设置为 3,ColumnWidths 属性设置为 100,100,100,执行该表单如图7-45 所示。这种取值的列表框允许不按字段在表中的实际位置来显示字段。

2.设计年级学期选择表单

具体实现步骤如下：

①创建新表单。

②添加控件。向表单添加 3 个标签、2 个组合框和 1 个命令按钮对象，并按图 7-39 设计界面。

图 7-42

③设置对象属性。在属性窗口中按表7-24设置各对象的属性。

表 7-24　年级学期选择表单的属性设置表

对象名称	属性名	设置值
Form1	BorderStyle Caption MaxButton	2—固定对话框 年级学期选择表单 .F.—假
Label1 Label2 Label3	AutoSize Caption BackStyle FontItalic WordWrap	.T.—真 按图 7-38 所示内容修改 0—透明 将 Label1 的此属性设置为.T. 将 Label2、Label3 的此属性设置为.T.
Combo1	RowSourceType RowSource Style	1—值 高一年级,高二年级,高三年级 2—下拉列表框
Combo2	RowSourceType RowSource Style	1—值 上期,下期 2—下拉列表框
Command1	Caption	按图 7-38 所示的标题修改

④绘制立体直线。

⑤运行表单。单击工具栏上的"运行"按钮，弹出是否保存的提示信息框，单击"是"按钮，以 NjxqForm.scx 为文件名保存到 D 盘的 Vfpex 目录中，即可运行表单。

练习与思考

1.组合框有 2 种类型,分别为＿＿＿＿＿＿和＿＿＿＿＿＿,Style 属性的取值分别为＿＿＿＿、＿＿＿＿。

2.当用列表框显示数据表的多个字段, RowSourceType 属性值取＿＿＿＿时,只能按表中字段顺序来显示;取＿＿＿＿时,允许不按字段在表中的实际位置来显示。

3.下列不是列表框属性的是(　　　)。

　　A.Text　　　　　　　　　　　　B.Value

　　C.List　　　　　　　　　　　　D.ListIndex

4.要获取用户在列表框 List1 中所选择的列表项内容,正确的语句是(　　　)。

　　A.Thisform.List1.List　　　　　　B.Thisform.List1.Text

　　C.Thisform.List1.Value　　　　　　D.Thisform.List1.ListIndex

5.上机实现

设计一个如图 7-43 所示的表单。运行时,在"姓名"文本框中输入姓名后,按回车键,该文本框清空,输入的姓名自动加入下面的列表框中。当双击列表框中某个姓名,则自动移出列表框。该表单对应的设计界面如图 7-44 所示。

图 7-43

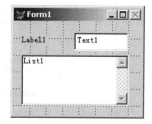

图 7-44

模块八 Mokuaiba

综合设计系统

在一个管理系统中，菜单是便捷的、直观的执行方式，恰当地设计菜单，可使应用程序的主要功能得以体现。在 VFP 中，可以使用菜单设计器很方便地创建菜单。

在一个项目开发中，若包含了多个表单，则需要考虑各个表单的类型、确定哪个表单为主界面并添加菜单系统、各个表单如何调用、如何共享数据等。

当为某个开发项目建好了所需要的各种文件和主文件后，需将其编译成独立的应用程序，以便调试应用程序的各项功能。当所有的开发和调试通过后，就可以为应用程序创建安装程序或制作安装磁盘。

通过本模块学习，应达到的具体目标如下：

☐ 会用项目管理器组织和管理文件

☐ 熟悉菜单设计器，掌握应用程序菜单的创建和在顶层表单中调用

☐ 能根据实际设计各种类型的表单

☐ 根据需要设计变量的类型，使用全局变量传递数据

☐ 理解主文件的作用，能设置主文件

☐ 会连编应用程序

☐ 会创建安装程序和制作安装盘

任务一 创建项目文件

在一个开发的项目中,通常包括数据库、索引、查询、报表、表单等许多单独保存的文件,使用项目管理器能有效地组织项目中的各类文件。项目管理器是整个 VFP 项目开发的管理和控制中心。

本任务将为班级管理系统建立一个项目文件,文件名为"Pro_bjgl.pjx",并将前面模块中已建好的数据库、报表和表单等文件添加到该项目中。

1.建立班级管理项目

(1)建立班级管理项目文件

具体实现步骤如下:

①单击"文件"→"新建"菜单,弹出"新建"对话框,选中"项目"单选项,然后单击"新建文件"按钮,弹出"创建"对话框,如图 8-1 所示。

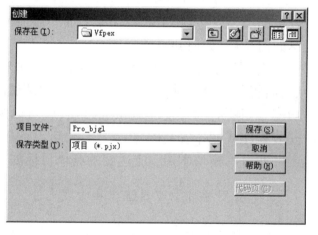

图 8-1

②在"项目文件"文本框中输入"Pro_bjgl",保存在 D 盘的 Vfpex 文件夹中。

③单击"保存"按钮,弹出"项目管理器"窗口,如图 8-2 所示。

"项目管理器"窗口由 6 个选项卡、6 个命令按钮和 1 个列表框组成。在此窗口中,可以将一些相关的数据、文档等集合起来,并分类进行管理。

(2)认识选项卡

在 VFP 中,项目管理器为数据管理提供了一个分层结构视图。当需要处理项目中某一类型的文件或对象时,应选择相应选项卡。每个选项卡可用鼠标拖动的方法将其分离出来,如图 8-3 所示。

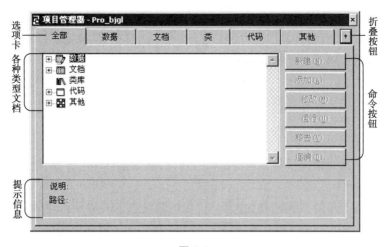

图 8-2

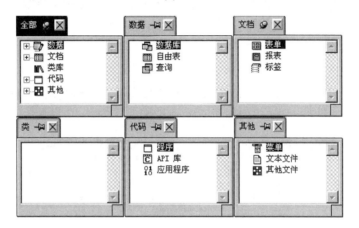

图 8-3

〔做一做〕

①观察图 8-3,写出下列各个选项卡分别管理了哪些文档。

- "数据"选项卡:＿＿＿＿＿＿＿＿＿＿＿＿＿＿＿＿＿＿＿＿＿。
- "文档"选项卡:＿＿＿＿＿＿＿＿＿＿＿＿＿＿＿＿＿＿＿＿＿。
- "代码"选项卡:＿＿＿＿＿＿＿＿＿＿＿＿＿＿＿＿＿＿＿＿＿。
- "其他"选项卡:＿＿＿＿＿＿＿＿＿＿＿＿＿＿＿＿＿＿＿＿＿。

②项目管理器中"全部"选项卡与其他 5 个选项卡之间是什么关系?

〔提示〕

如果某组件下有相应文件,其相应图标的左边会显示一个➕号。单击➕号将列出该类所有文件,同时➕号变成➖号;单击➖号可折叠已经展开的列表。

(3)操作项目管理器

通常情况下,项目管理器以独立窗口显示,可移动其位置、改变其尺寸,或者将其折叠起来只显示选项卡以节省屏幕显示区域。

■ 移动位置

如果要移动项目管理器窗口,只要将鼠标指针移到标题栏,按住鼠标左键拖放到其他位置即可。

■ 改变大小

只需将鼠标指针指向项目管理器窗口的边框,拖放鼠标即可改变尺寸。

■ 折叠与展开

单击窗口右上角的"折叠"按钮即可,在折叠状态下只显示选项卡,如图8-4所示,同时右上角的上箭头变为下箭头图标。单击下箭头图标可还原窗口。

图8-4

■ 停靠工具栏

将项目管理器拖到 VFP 主窗口的顶部,使它以工具栏的形式显示,如图8-5所示,此时不能将其展开,可单击将选中的选项卡显示出来。

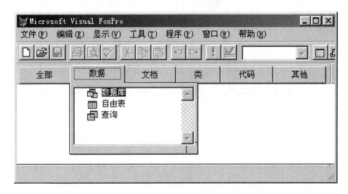

图8-5

 〔想一想〕

如何将工具栏中的项目管理器还原成独立的窗口?

2.在项目管理器中管理文件

在项目管理器中,选中要操作的部件,然后单击相应的命令按钮即可进行相关的操作。下面将前面模块中已经建好的数据库、表单和报表添加到班级管理项目文件中,并进行相应的管理。

(1)在项目管理器中操作班级管理数据库

■ 添加数据库

在班级管理项目中添加班级管理数据库,具体步骤如下:

①打开 Pro_bjgl 的项目管理器窗口,选择"数据"选项卡,选中"数据库"项,然后单击"添加"按钮,弹出"打开"对话框。

②在"打开"对话框中,双击"Db_bjgl"数据库,系统自动将其添加到项目管理器中,如图 8-6 所示。

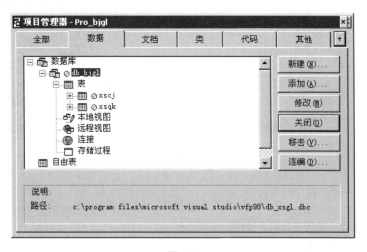

图 8-6

■ 从项目中移去文件

选择要移去的文件,单击"移去"按钮,在弹出图 8-7 所示的提示信息框中单击"移去"按钮即可;若单击"删除"按钮,则将此文件从磁盘中彻底删除。

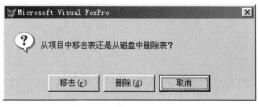

图 8-7

 〔想一想〕

在项目管理器窗口中,如何实现以下操作?

①打开 Db_bjgl 的数据库设计器窗口。

②打开 Xsqk 表的表设计器窗口。

③打开 Xsqk 表的浏览窗口。

(2)在项目管理器中操作表单

打开 Pro_bjgl 项目管理器窗口,选择"文档"选项卡,选中"表单"项,然后单击"添加"按钮。分别将"PassForm. scx""MainForm. scx""XsqkForm. scx""XscjForm. scx"

"CjtjForm.scx"和"NjxqForm.scx"表单添加到项目管理器中,如图8-8所示。

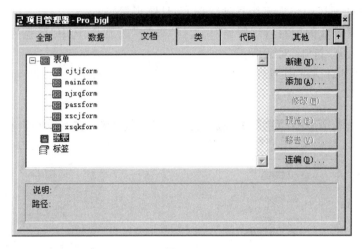

图 8-8

〔想一想〕

在项目管理器中如何实现以下操作?
①打开表单设计器窗口。

②运行表单。

(3)在项目管理器中操作报表

打开 Pro_bjgl 项目管理器窗口,选择"文档"选项卡,选中"报表"项,然后单击"添加"按钮。分别将"Rpt1.frx"、"Rpt2.frx"和"Rpt3.frx"报表添加到项目管理器中,如图 8-9所示。

〔想一想〕

在项目管理器中如何实现以下操作?
①打开报表设计器窗口。

②预览报表。

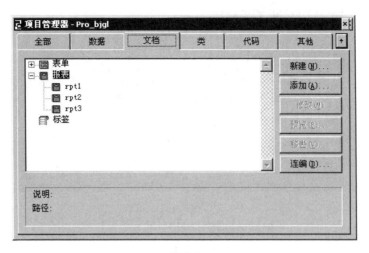

图 8-9

练习与思考

1.设计一个应用程序时,项目管理器有何作用?

2.将项目管理器形成工具栏并停放在 VFP 主窗口顶部的方法是＿＿＿＿＿＿＿＿＿。

3.在 VFP 中,项目文件的扩展名是＿＿＿＿＿。

4.项目管理器的"数据"选项卡包含＿＿＿＿、＿＿＿＿和＿＿＿＿ 3 种文件,"文档"选项卡包含＿＿＿＿、＿＿＿＿和＿＿＿＿ 3 种文件。

5.从项目管理器中移去文件时,出现提示窗口。若单击"移去"按钮,将＿＿＿＿＿＿＿＿＿＿＿;若单击"删除"按钮,则＿＿＿＿＿＿＿＿＿＿＿。

任务二　设计菜单系统

任务概述

　　菜单为用户提供了便捷、直观的访问途径,方便使用应用程序中的各种功能。为应用程序设计一个易于使用的菜单,不仅能体现应用程序的主要功能,也能使用户操作更为容易。

　　一个应用程序的菜单通常采用下拉式菜单,它常常出现在窗口标题栏的下方。下拉式菜单通常由菜单栏、菜单项、菜单分隔条、子菜单以及子菜单中的菜单项组成,如图 8-10 所示。

　　在本任务中,将为班级管理系统设计一个图 8-10 所示的菜单系统。菜单栏中包含"学年(Y)"、"管理(M)"、"报表(R)"和"退出(E)"4 个菜单标题,通过菜单项可实现班级管理系统的各项功能。

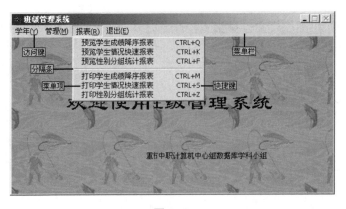

图 8-10

1.操作菜单设计器
（1）认识菜单设计器

图 8-11

打开项目管理器窗口，切换到"其他"选项卡，选中"菜单"部件后，单击"新建"按钮，弹出图 8-11 所示"新建菜单"对话框，单击"菜单"按钮。图 8-12 是添加了"文件"菜单后的菜单设计器窗口。

菜单设计器窗口组成及各项的功能如下：

◆ 菜单名称　用于指定菜单或菜单项的名称。

图 8-12

◆ 结果　用于选择当用户选中该菜单后将执行的动作类型。常用的 3 个选项的作用如表 8-1 所示。

表 8-1　结果下拉框选项表

选　项	功能简述
命令	列表框右边出现一输入框，可输入要执行的命令
子菜单	列表框右边出现"创建"按钮，单击此按钮，系统显示出新的窗口，用于设计子菜单
过程	列表框右边出现"创建"按钮，单击此按钮，弹出编辑窗口，供用户编写过程代码

〔提示〕

在定义子菜单项时，结果下拉框中会新增"菜单项#"选项，并在旁边显示一输入框，可输入要调用的 VFP 系统菜单项。如输入_med_cut，可调用 VFP 系统菜单中的剪切功能。

◆ "创建"按钮 创建 　在"结果"下拉框中选择"子菜单"或"过程"时,出现"创建"按钮,用于创建当前菜单的子菜单或过程。如果是修改菜单,则显示为"编辑"按钮。

◆ "选项"按钮 　单击该按钮,弹出图8-13所示的"提示选项"对话框。

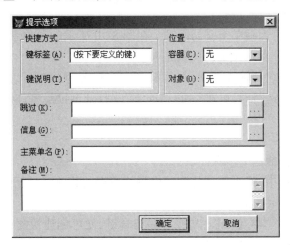

图 8-13

在该对话框中,可设置菜单项的快捷键、有效性条件等。设置了选项内容的菜单,将在"选项"按钮标题中以"√"标识。

◆ 菜单级　用于显示当前所处的菜单级,在其下拉框中,可选择要处理的任一级菜单。

◆ 插入、插入栏、删除与预览按钮　其功能如表8-2所示。

表 8-2　插入、插入栏、删除与预览按钮功能表

按　钮	功能简述
插入	在当前菜单项前插入一空白的菜单项
插入栏…	单击时打开"插入系统菜单栏"对话框,如图8-14所示
删除	删除当前菜单项
预览(R)	显示正在创建的菜单结果

在图8-14所示的对话框中,单击"插入"按钮,则可插入VFP某个系统菜单项。此按钮在设计子菜单项时才可用。

图 8-14

(2)设计主菜单

具体操作步骤如下:

①在"菜单名称"框中,输入要添加的菜单名称。

②在"结果"栏中,选择"子菜单"项。

③将光标定位到下一个输入框,按上述步骤便可继续设计其他菜单。

(3)设计子菜单

对菜单栏中的菜单标题,都可创建它所包含的菜单项及下一级子菜单。首先将光标定位到某菜单标题,然后单击"创建"按钮,打开菜单设计器窗口。可做如下操作:

①在"菜单名称"框中,输入要添加的菜单项或子菜单的名称。

②在"结果"下拉框中选中某个具体项,以便确定它是菜单项还是子菜单。

③将光标定位到下一个输入框,按上述步骤可继续设计其他菜单项或子菜单。

（4）指定访问键

为了方便操作,可为菜单定义访问键。在图 8-10 所示的菜单系统中,"学年"菜单项的访问键是 Y,"管理"菜单项的访问键是 M。

在菜单设计器的名称输入框中,在菜单名称后输入"\<字母",就能指定某个字母作为该菜单的访问键。运行时,可按"Alt+访问键"来打开下拉菜单,再按热键来执行该下拉菜单中的相应菜单项。

（5）指定快捷键

为菜单项指定快捷键的步骤如下:

①在菜单设计器中,将光标定位到要设置快捷键的菜单项,然后单击"选项"按钮,弹出图 8-13 所示的"提示选项"对话框。

②将光标定位在"键标签"框中,按下一组合键,便可创建快捷键。"键说明"文本框用于设置显示在菜单项旁边的提示文本。

例如:在图 8-10 所示的菜单系统中,"预览学生成绩降序报表"菜单项的快捷键为 Ctrl+Q。

（6）菜单项分组

为了增强菜单系统的可读性,可用分隔线将内容相关的菜单项分组。例如:在图 8-10 所示的"报表"菜单中,就有一条线把预览各个报表的菜单项与打印各个报表的菜单项分隔开。

在"菜单名称"栏中,输入"\-",便可创建一条分隔线。

（7）启用/废止菜单

设计菜单项的启用/废止条件,具体步骤如下:

①在菜单设计器中,将光标定位到要设置控制条件的菜单项,单击"选项"按钮,弹出图 8-13 所示的"提示选项"对话框。

②将光标定位在"跳过"框中,输入控制菜单状态的条件。当表达式的值为真时,菜单不可用。

例如:在班级管理系统中,当未创建 Rpt1 报表时,"预览学生成绩降序报表"菜单项应为灰色状态,不可用,则相应的控制条件为:

    Not File("Rpt1.frx")

（8）指定菜单任务

当菜单的"结果"框中指定为命令时,下拉框右边出现一输入框,可输入任何有效的 VFP 命令。

例如:设置"报表"菜单下"预览学生情况快速报表"菜单项的功能,相应命令为:

    Report Form Rpt2.frx PreView

若某菜单项要执行多条命令,则需为其编写相应的过程代码。具体步骤如下:

①在菜单设计器中的"结果"下拉框中选择"过程"项。

②单击右侧的"创建"或"编辑"按钮,打开过程编辑窗口。

③在窗口中输入相应的过程代码。

(9)生成菜单程序

完成菜单设计后,系统只生成菜单文件,扩展名为.mnx,该文件不能直接运行。如果要运行菜单,必须生成菜单程序文件,扩展名为.mpr。

生成菜单程序文件的具体步骤如下:

①菜单设计器为活动窗口时,单击"菜单"→"生成"菜单,打开图 8-15 所示的"生成菜单"对话框。

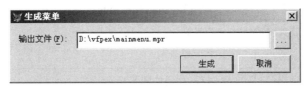

图 8-15

②在"输出文件"框中设置菜单文件的路径和文件名,然后单击"生成"按钮。

〔做一做〕

用菜单设计器设计一个菜单系统时,如何实现如下操作?

①定义子菜单:_____。

②定义访问键:_____。

③定义快捷键:_____。

④设计菜单分隔条:_____。

⑤为菜单指定任务:_____。

⑥设置菜单废止条件:_____。

2.设计班级管理菜单系统

(1)规划菜单系统

菜单设计的整体规划和应用程序的设计结构密切相关。应根据应用程序实现的功能和用户要求,确定在应用程序中需要哪些菜单、这些菜单出现在何处、哪些菜单需要子菜单、菜单和子菜单之间的层次关系等。

在班级管理系统中,菜单主要实现了对学生情况和学生成绩的数据管理,以及对相应报表预览和打印功能,本菜单系统规划如表 8-3 所示。

表 8-3　班级管理菜单系统规划表

菜单栏	学年($\underline{Y}$)	管理($\underline{M}$)		报表($\underline{R}$)	退出($\underline{E}$)
菜单项	无	学生情况管理($\underline{X}$)　Ctrl+F1 学生成绩管理($\underline{C}$)　Ctrl+F2 成绩统计管理($\underline{Y}$)　Ctrl+F3		预览学生成绩降序报表 Ctrl+Q 预览学生情况快速报表 Ctrl+K 预览性别分组统计报表 Ctrl+R \- 打印学生成绩降序报表 Ctrl+M 打印学生情况快速报表 Ctrl+S 打印性别分组统计报表 Ctrl+Z	无

（2）设计主菜单并指定访问键

打开 Pro_bjgl.pjx 文件，在项目管理器窗口中启动菜单设计器。按表 8-4 中所示内容设计主菜单并指定访问键。

表 8-4　班级管理系统主菜单设计表

菜单名称	结　果
学年（\<Y）	命令（Do Form NjxqForm）
管理（\<M）	子菜单
报表（\<R）	子菜单
退出（\<E）	过程（代码如图 8-16 所示）

图 8-16

（3）设计"管理"菜单

在菜单设计器中选择"管理（\<M）"项，然后单击右侧的"创建"按钮，按表 8-5 中所示内容设计"管理"菜单。

表 8-5　"管理"菜单设计表

菜单名称	结　果	快捷键	启用/废止条件
学生情况管理（\<X）	过程（代码如图 8-17 所示）	Ctrl+F1	Not File（"XsqkForm.scx"）
学生成绩管理（\<C）	过程（代码见本模块的任务四）	Ctrl+F2	Not File（"XscjForm.scx"）
成绩统计管理（\<Y）	过程（代码见本模块的任务四）	Ctrl+F3	Not File（"CjtjForm.scx"）

```
菜单设计器 - mainmenu - 学生情况管理(X) 过程
If Not File("Xsqk.dbf")
    Create Database Db_bjgl
    Create Table Xsqk(学号 C(8) Primary Key  Default "1406";
              姓名 C(6) Not Null Unique;
              性别 C(2) Default "男";
                        Check (性别="男" Or 性别="女");
                        Error "性别为男或女";
              团员否 L Default .F.;
              出生日期 D,入学成绩 N(5,1),简历 M,照片 G)
EndIf
Do Form XsqkForm.scx
```

图 8-17

（4）设计"报表"菜单

返回主菜单设计窗口,选择"报表(\<R)"项,然后单击右侧的"创建"按钮,按表8-6中所示内容设计"报表"菜单。

表8-6 "报表"菜单设计表

菜单名称	结　果	快捷键	启用/废止条件
预览学生成绩降序报表	过程(代码见本模块的任务四)	Ctrl+Q	Not File("Rpt1.frx")
预览学生情况快速报表	命令(Report Form Rpt2.frx PreView)	Ctrl+K	Not File("Rpt2.frx")
预览性别分组统计报表	过程(代码如图8-18所示)	Ctrl+R	Not File("Rpt3.frx")
\-			
打印学生成绩降序报表	过程(代码见本模块的任务四)	Ctrl+M	Not File("Rpt1.frx")
打印学生情况快速报表	命令(Report Form Rpt2.frx To Printer)	Ctrl+S	Not File("Rpt2.frx")
打印性别分组统计报表	过程(参照图8-18所示的代码)	Ctrl+Z	Not File("Rpt3.frx")

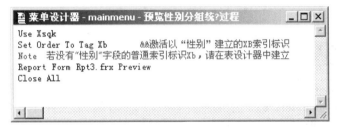

图8-18

（5）生成菜单程序

以"MainMenu.mnx"作为菜单文件名保存在 D 盘 Vfpex 目录中,单击"菜单"→"生成"菜单,生成的菜单程序文件名为"MainMenu.mpr"。

练习与思考

1.在菜单设计器中的_____下拉框可用于上、下级菜单的切换。

2.菜单设计完成后,与菜单系统有关的信息将存储在扩展名为_____的文件中,要运行菜单还须生成扩展名为_____的菜单程序文件。

3.如果菜单项需要调用 VFP 的系统菜单,在结果栏中应选择(　　)。

　　A.过程　　　　　　　　B.子菜单

　　C.命令　　　　　　　　D.菜单项#

4.设计菜单要完成的最终操作是(　　)。

　　A.创建主菜单及子菜单　　B.指定各菜单任务

　　C.浏览菜单　　　　　　　D.生成菜单程序

5.上机实现

设计一个如表8-7所示的记事本菜单系统(NoteMenu.mnx)。

表 8-7　记事本菜单系统规划表

菜单栏	文件(F)	文字字体(Z)	文字风格(S)
菜单项	新建(N)　Ctrl+N 打开(O)　Ctrl+O 保存(S)　Ctrl+S 分隔条 退出(X)　Ctrl+X	宋　　体 黑　　体 楷　　体 隶　　书	粗　体(B)　Ctrl+B 斜　体(I)　Ctrl+I 下划线(U)　Ctrl+U

任务三　设计表单类型

任务概述

在班级管理系统中,整个应用程序的主界面是 MainForm 表单,其他表单由菜单系统调用。如何设置 MainForm 表单为班级管理系统的主界面,以及在主界面中添加菜单,这就需要设置表单的类型。

在本任务中,主要学习设置班级管理系统各个表单的类型和在主界面表单中添加菜单。

1.设计班级管理系统的表单类型

VFP 允许创建 2 种类型的应用程序,即多文档界面应用程序和单文档界面应用程序。

多文档界面(MDI)应用程序的特点是:整个应用程序由一个主窗口组成,其他窗口都包含在主窗口中。VFP 就是一个 MDI 应用程序,它的命令窗口、设计器窗口等都包含在VFP 主窗口中,并被主窗口所管理。

单文档界面(SDI)应用程序的特点是:由一个或多个独立的窗口组成,所有窗口都在Windows 桌面上单独显示。当其中一个窗口关闭或释放时,不影响其他窗口。

(1)创建不同类型的表单

为了支持 MDI 和 SDI 2 种类型的应用程序,在 VFP 系统中允许创建以下 3 种类型的表单。

■ **子表单**

子表单包含在另一个窗口中,常用作 MDI 应用程序的子窗口。子表单不可移至父表单的边界之外,当其最小化时,将显示在父表单的底部。若父表单最小化时,则子表单也一同最小化。

将表单的 ShowWindows 属性设置为 0 或 1 时,即可创建子表单。默认值为 0,子表单的父表单为 VFP 主窗口;若设置为 1,则子表单的父表单为顶层表单。

子表单在父表单中最大化时的显示方式由 MDIForm 属性决定。若设置为.T.,最大化时与父表单组合为一体,如图 8-19 所示;若设置为.F.,最大化时仍保留一独立的窗口,如图 8-20 所示。

图 8-19

图 8-20

■ 浮动表单

浮动表单是父表单的一部分,常用于设置 MDI 应用程序的子窗口或创建浮动工具栏。将表单的 ShowWindows 属性设置为 0 或 1,DeskTop 属性设置为.T.,则该表单为浮动表单。

浮动表单可被移到屏幕的任何位置,但不能在父表单的后台移动。浮动表单最小化时,将显示在桌面的底部;若父表单最小化时,则浮动表单也一同最小化。

■ 顶层表单

没有父表单的独立表单,常用于创建一个 SDI 应用程序,或用作 MDI 应用程序中其他子表单的父表单。将表单的 ShowWindows 属性设置为 2,即可创建顶层表单。

〔提示〕

显示子表单时,顶层表单必须是可视的、活动的。因此,不能使用顶层表单的 Init 事件来显示子表单,因为此时顶层表单还未激活。

(2) VFP 主窗口

■ _Screen 对象

_Screen 是 VFP 内置的一个系统变量,代表 VFP 主窗口,可当作一个表单对象来使用。表单所拥有的属性、事件和方法,_Screen 对象也拥有。

例如:若将 VFP 主窗口的标题设置为"班级管理系统",实现代码为:

　　_Screen.Caption = "班级管理系统"

■ 隐藏 VFP 主窗口

运行顶层表单时,有时不希望出现 VFP 主窗口,可在顶层表单的 Init 事件或主程序中隐藏 VFP 主窗口。实现代码为:

　　Application.Visible = .F.

(3) 设计班级管理系统中各个表单的类型

在班级管理系统中,PassForm.scx、MainForm.scx 表单运行时都以独立窗口显示。因此,这 2 个表单都是顶层表单,即将它们的 ShowWindow 属性设置为 2。

XsqkForm.scx、XscjForm.scx、CjtjForm.scx 和 NjxqForm.scx 表单均显示在顶层表单 MainForm.scx 中,即都是作为顶层表单的子表单。因此,应将这 4 个表单的 ShowWindow 属性设置为 1。

2.在顶层表单 MainForm.scx 中添加菜单

在大多数情况下,往往需要在主界面表单中添加菜单系统。在 MainForm 表单中调用 MainMenu 菜单程序文件,具体步骤如下:

①设置常规选项。打开 MainMenu 的菜单设计器窗口,单击"显示"→"常规选项"菜单,打开图 8-21 所示的"常规选项"对话框。

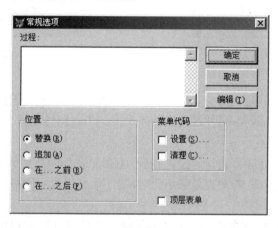

图 8-21

在该对话框中勾选 ☑ 顶层表单 复选框,然后单击"确定"按钮。

单击"菜单"→"生成"菜单,再次生成菜单程序文件 MainMenu.mpr。

②设置表单类型。切换到表单的属性窗口,将 MainForm 表单的 ShowWindow 属性设置为 2。

③在表单的 Init 事件中运行菜单程序。

格式:Do <菜单程序文件名> With <oForm>,<1AutoRename>

<oForm>代表表单的对象引用,在表单的 Init 事件中,This 作为第一个参数传递。<1AutoRename>指定了是否为菜单取一个新的唯一的名字。

在 MainForm 表单的 Init 事件中编写如下代码:

Do MainMenu.mpr With This , .T.　　&& 调用主菜单

练习与思考

1.多文档应用程序的顶层表单一般均有一个_____,常出现在窗口标题栏的下方,也即是在菜单栏的位置上。设计该菜单,可通过_____来完成。

2.菜单的调用是通过_____命令执行菜单程序文件即可,执行时,菜单程序的扩展名_____不能缺省。

图 8-22

3._____用于设置表单是否可移动到 VFP 主窗口之外,默认为_____。

4.上机实验:

设计一个如图8-22所示的记事本表单(NoteForm.scx),在该表单中添加一个编辑框,

用于输入文本信息,同时将任务 2 中所设计的 NoteMenu.mnx 菜单系统添加到表单。

任务四　设计变量

 任务概述

运行 NjxqForm 表单,在年级和学期的下拉列表框中如果选择了不同的年级和学期,则对应了不同的成绩表(根据年级和学期选择相应的成绩表,最多时可达到 6 个,但只有 1 个学生情况表),而且某个运行状态下的成绩表要被 XscjForm 表单和 CjtjForm 表单访问。如何在各个表单传递成绩表名呢? 这就涉及变量的作用范围。

在本任务中,主要学习在班级管理系统的多个表单间传递数据。

1.认识全局变量与局部变量

内存变量按其作用范围可分为全局内存变量和局部内存变量,简称全局变量和局部变量。

(1)局部变量

格式:Private <内存变量名表>

功能:将指定内存变量定义为局部变量。

作用范围:在定义它的模块及其子模块或底层模块中有效,其他模块不能使用。

在某个事件代码中如果没有对内存变量的属性加以说明,这些变量都是局部变量。当结束该事件代码时,局部变量自动清除。

(2)全局变量

格式:Public <内存变量列表>

功能:将指定的内存变量定义为全局变量。

作用范围:在整个开发项目的各个模块中都可以使用。

无论在哪个事件过程代码中用 Public 定义的变量,均为全局变量,即使该事件过程代码结束,这些变量也不会自动清除。在命令窗口中定义的变量均为全局变量。

〔技巧〕

当多个全局变量同名时,内部全局变量优先;当全局变量与局部变量同名时,全局变量优先。

2.定义班级管理系统的变量

(1)定义班级管理系统的全局变量

■ PassNum 全局变量

在 PassForm 顶层表单中记录密码输入错误的次数,在文本框 Text1 的每一次触发 KeyPress 事件时被访问,因此可定义一个 PassNum 全局变量。

■ Nj、Xq 和 XscjTableName 全局变量

NjxqForm 表单中,在年级和学期的下拉列表框中选择了不同的年级和学期后就对应了不同的成绩表名,而且某运行状态下的成绩表名要被 XscjForm 和 CjtjForm 表单访问。利用全局变量 Nj 存储所选择的年级,Xq 存储所选择的学期,XscjTableName 存储相应成绩表名。

■ NjNum 和 XqNum 全局变量

NjxqForm 表单中,在年级和学期的下拉列表框中选择了某个年级和学期,当调用其他表单后,再返回到年级学期选择表单时,为了使年级和学期的下拉列表框中所显示的是调用前的年级和学期,则需要定义 2 个全局变量 NjNum 和 XqNum 来控制组合框的 ListIndex 属性值。

(2)定义班级管理系统的局部变量

统计语文、数学和英语的最高分、最低分、总分和平均分,只需要在 CjtjForm 表单的初始化事件中完成计算,并在相应文本框中显示出来。当下次调用该表单时,则变为统计其他成绩表,因此只需定义为局部变量即可。

在 CjtjForm 表单中,需要定义如下局部变量:

```
Private YwMax,YwMin,YwSum        && 分别统计语文的最高分、最低分和平均分
Private SxMax,SxMin,SxSum        && 分别统计数学的最高分、最低分和平均分
Private YyMax,YyMin,YySum        && 分别统计英语的最高分、最低分和平均分
```

3.为班级管理系统设计主程序

一个完整的 VFP 应用程序还需要一个主程序,主程序是整个应用程序执行的入口。通常在主程序中初始化程序运行环境,定义全局变量,同时还要放置一条 Read Events 命令开始事件处理。在主程序的末尾,应恢复系统环境,用 Clear Events 命令停止事件处理。

为班级管理系统添加主程序的具体步骤如下:

```
main.prg                                    _ □ ×
* 定义6个全局变量并初始化各个变量的值
Public PassNum,Nj,Njnum,Xq,XqNum,XscjTableName
PassNum=1
Nj="高一年级"
XqNum=1
Xq="上期"
XscjTableName=Alltrim(Nj+Xq+"成绩表")
Do Form Passform.scx
Application.Visible=.f.
Read Events
```

图 8-23

①在项目管理器中,切换到"代码"选项卡,选中"□ 程序"项,然后单击"新建"按钮。

②弹出"程序编辑"窗口,输入图 8-23 中所示的代码。

③关闭"程序编辑"窗口,以"Main.prg"作为文件名保存到 D 盘的 Vfpex 目录中。

④切换到项目管理器窗口,右击新建的 Main.prg 程序,在快捷菜单中单击"设置主文件"菜单项,Main.prg 程序名将加粗显示,该文件即被设置为主文件。

4.各个变量在班级管理系统中的应用

(1)在 PassForm 表单中使用全局变量

在 PassForm 表单的文本框 Text1 中输入密码,最多提供 3 次密码输入机会。输入正

确时,才能进入班级管理系统的主界面表单;否则释放密码表单,退出班级管理系统。

将文本框 Text1 的 KeyPress 事件代码改写为如图 8-24 所示。

图 8-24

（2）在 NjxqForm 表单中使用全局变量

表单 Form1 的 Init 事件代码如图 8-25 所示。

图 8-25

命令按钮 Command1 的 Click 事件代码如图 8-26 所示。

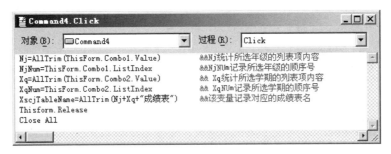

图 8-26

（3）在 XscjForm 表单中使用全局变量

单击"管理"→"学生成绩管理"菜单,打开学生成绩表单。根据在 NjxqForm 表单选择的年级和学期,打开相应的成绩表,同时将文本框动态地绑定到相应的字段上。

将表单 Form1 的 Init 事件代码改写为如图 8-27 所示。

（4）在 CjtjForm 表单中使用全局变量和局部变量

单击"管理"→"成绩统计管理"菜单,打开成绩统计表单,根据在 NjxqForm 表单中选择的年级和学期,打开相应的成绩表,然后统计语文、数学和英语的最高分、最低分、总分和平均分,并显示在相应文本框中。

将表单 Form1 的 Init 事件代码改写成如图 8-28 所示。

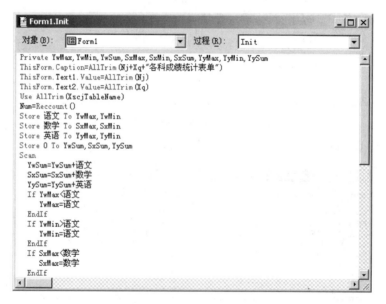

```
Form1.Init
对象(B): Form1    过程(R): Init
ThisForm.Caption=(Nj+Xq+"成绩表单")
Close all
*因为"姓名"字段来自于Xsqk.dbf表，其它字段来自于Xscj.dbf表
*以下语句建立两表间的临时关系
Select 1
Use AllTrim(XscjTableName+".dbf")
Select 2
Use  xsqk
* 若Xsqk表中"学号"字段的主索引标识Xh不存在，请建立
Set Order To Xh
Select 1
Set Relation To 学号 Into B
*刚运行表单时，Command2按钮不可用
Thisform.Command2.Enabled=.F.
* XscjTableName变量为指定年级和学期的相应成绩表名
*以下语句的功能是将各个文本框动态绑定到相应字段上
ThisForm.Text1.ControlSource=AllTrim(XscjTableName+".学号")
ThisForm.Text2.ControlSource="Xsqk.姓名"
ThisForm.Text3.ControlSource=AllTrim(XscjTableName+".总分")
ThisForm.Text4.ControlSource=AllTrim(XscjTableName+".语文")
ThisForm.Text5.ControlSource=AllTrim(XscjTableName+".数学")
ThisForm.Text6.ControlSource=AllTrim(XscjTableName+".英语")
```

图 8-27

```
Form1.Init
对象(B): Form1    过程(R): Init
Private YwMax,YwMin,YwSum,SxMax,SxMin,SxSum,YyMax,YyMin,YySum
ThisForm.Caption=AllTrim(Nj+Xq+"各科成绩统计表单")
ThisForm.Text1.Value=AllTrim(Nj)
ThisForm.Text2.Value=AllTrim(Xq)
Use AllTrim(XscjTableName)
Num=Reccount()
Store 语文 To YwMax,YwMin
Store 数学 To SxMax,SxMin
Store 英语 To YyMax,YyMin
Store 0 To YwSum,SxSum,YySum
Scan
  YwSum=YwSum+语文
  SxSum=SxSum+数学
  YySum=YySum+英语
  If YwMax<语文
     YwMax=语文
  EndIf
  If YwMin>语文
     YwMin=语文
  EndIf
  If SxMax<数学
     SxMax=数学
  EndIf
```

图 8-28

(5)在 MainMenu 菜单中使用全局变量

"管理"菜单下的"成绩统计管理"菜单的过程代码如图 8-29 所示。

```
菜单设计器 - mainmenu - 成绩统计管理(T) 过程
Close All
If Not File(AllTrim(XscjTableName+".dbf"))
   MessageBox("还没输入"+Nj+Xq+"的成绩!",0+32+0,"注意")
Else
   Do Form CjtjForm.scx
EndIf
```

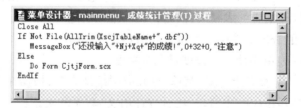

图 8-29

"管理"菜单下的"学生成绩管理"菜单的过程代码如图 8-30 所示。

图 8-30

在模块五的任务一中，Rpt1 报表的数据源是 Xscj 表，但在班级管理系统中，它是根据选择的年级和学期而对应了相应的成绩表名。若要借助 Rpt1 报表预览某个年级学期的成绩表，可先将 Xscj 表中的记录内容清空，然后将成绩表的记录内容拷贝到 Xscj 表中，即可实现预览。

"预览学生成绩降序报表"菜单的过程代码如图 8-31 所示。

图 8-31

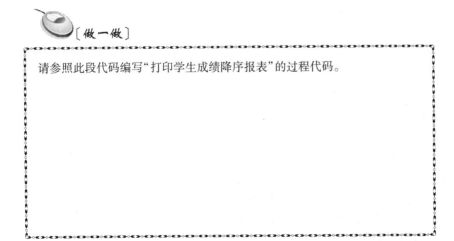

〔做一做〕

请参照此段代码编写"打印学生成绩降序报表"的过程代码。

（6）在 Rpt1 报表中使用全局变量

在模块五的任务一中，Rpt1 报表的标题是"学生成绩降序报表"，但在班级管理系统中，因为在年级和学期的下拉列表框中选择了不同的值而相应变成了某年级某学期的成绩表，让 Rpt1 报表的标题变为"高 * 年级 * 期学生成绩降序报表"，具体步骤如下：

①打开 Rpt1 报表的设计器窗口，删除标题带区中的"学生成绩降序报表"标签对象。

②在标题带区添加域控件**abl**，输入：Alltrim(Nj+Xq+"学生成绩降序报表")。

③单击"格式"→"字体"菜单设置字体。

④关闭报表设计器窗口，保存即可。

任务五　连编与发布应用程序

任务概述

通过前面任务已经建立班级管理系统所需的各种文件，接下来就是将这个系统编译成独立的应用程序，即使用连编功能将各种文件组装成一个完整的应用程序。在完成应用程序的开发和调试之后，可使用安装向导按照用户指定的格式来创建安装程序和发布磁盘。

在本任务中，学习使用连编功能将班级管理系统打包成一个可脱离 VFP 环境的可执行程序；当所有调试工作完成后，使用安装向导为班级管理系统创建安装程序和安装盘。

1. 连编应用程序

就是将 VFP 开发的项目打包成一个可脱离 VFP 环境的可执行文件。

（1）连编班级管理系统

具体操作步骤如下：

①打开 Pro_bjgl 的项目管理器窗口，单击"连编"按钮，打开图 8-32 所示的"连编选项"对话框。

图 8-32

图 8-33

②选中"连编可执行文件"单选项，然后单击"确定"按钮。

③弹出"另存为"对话框，输入：班级管理系统，然后单击"保存"按钮。

④退出 VFP 应用程序，回到 Windows 桌面，在 D 盘的 Vfpex 目录中双击"班级管理系统"可执行文件。打开"密码表单"，如图 8-33 所示。

⑤在文本框中正确输入密码后按回车键,进入班级管理系统主界面,如图 8-34 所示。

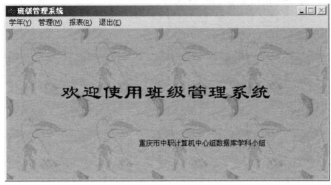

图 8-34

⑥在班级管理系统主窗口中,反复调试各项功能,发现错误后,返回到 VFP 中修改,排除错误后重新连编项目,再次调试各项功能,直到成功为止。

〔注意〕

调试应用程序功能时,最好先执行 Close All 命令关闭所有项目中文件。

（2）认识连编选项对话框

在图 8-32 所示的"连编选项"对话框中,各选项的含义如下：

◆ 重新连编项目　对项目的整体性进行测试,将项目中的所有文件合并成一个应用程序文件。如果在项目连编过程中发生错误,必须排除,反复进行,直到成功为止。

◆ 连编应用程序　将项目中的所有文件连编成一个在 VFP 系统环境下运行的.app 文件,可用 Do 命令调用。

◆ 连编可执行文件　将项目中的所有文件连编成一个可脱离 VFP 系统环境的.exe 文件。连编成可执行文件时需要 VFP 的 2 个动态链接库 Vfp6r.dll 和 Vfpenu.dll。

◆ 连编 COM DLL　使用项目文件中的类信息创建一个扩展名为.dll 的动态链接库文件。

2.发布应用程序

完成班级管理系统的开发和测试工作后,可用安装向导为应用程序创建安装程序和安装盘,即将它打包成一个需要安装的应用程序软件。发布应用程序的步骤如下：

（1）启动安装向导

单击"工具"→"向导"→"安装"菜单,即可启动安装向导。

在安装向导中,VFP 提示用户,它需要一个目录名为 Distrib.src 的工作目录。单击"创建目录"按钮,进入安装向导"步骤 1-定位文件"对话框,如图 8-35 所示。

（2）定位文件

在安装向导步骤 1 中,要求用户指定发布树。安装向导要求指定的目录中包含了安装一个应用程序所需的所有文件,然后使用这个目录作为文件的源,把这些文件压缩到磁盘映象目录中。

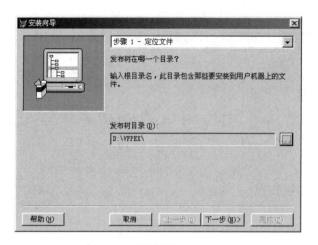

图 8-35

单击"选项"按钮,弹出"选择目录"对话框,定位到 D:\Vfpex 目录,然后单击"下一步"按钮,进入安装向导"步骤 2-指定组件"对话框,如图 8-36 所示。

图 8-36

(3)设置组件

在安装向导步骤 2 中,由于班级管理系统应用程序未使用其他组件或驱动程序,则只需选中"Visual FoxPro 运行时刻组件",然后单击"下一步"按钮,进入安装向导"步骤 3-磁盘映象"对话框,如图 8-37 所示。

(4)指定磁盘映象

在安装向导步骤 3 中,磁盘映象目录可以在安装之前创建,然后单击"选项"按钮指定。也可以直接输入一个路径及目录名,让安装向导自动创建。甚至还可以只输入一个盘符,如 D 盘,则"安装向导"会为每种磁盘映象类型创建一个包含磁盘映象的发布目录。

选中"Web 安装"方式,单击"下一步"按钮,进入安装向导"步骤 4-安装选项"对话框,如图 8-38 所示。

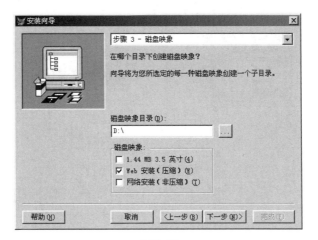

图 8-37

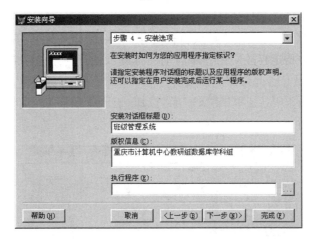

图 8-38

〔提示〕

3 种安装类型依次生成的目录名为：Disk144、WebSetup 和 NetSetup。

(5)定制要发布的安装对话框

在安装向导步骤 4 中，"安装向导"将询问安装程序对话框标题、版权声明等内容。用户可在相应的框中输入内容。

设置好图中所示信息后，单击"下一步"按钮，进入安装向导"步骤 5-默认目标目录"对话框，如图 8-39 所示。

〔提示〕

在"执行程序"框中，用户可为安装程序指定安装结束后安装程序将执行的程序或操作。典型的安装之后的操作是显示 Readme 文件。

图 8-39

（6）指定默认文件安装目的地

在安装向导步骤 5 中，可在"默认目标目录"框中指定应用程序安装时的默认目录名，在"程序组"框中指定存放应用程序启动图标的默认程序组，在"用户可以修改"中指定安装程序默认目录是否允许用户修改。

设置好图中所示内容后，单击"下一步"按钮，进入安装向导"步骤 6-改变文件设置"对话框，如图 8-40 所示。

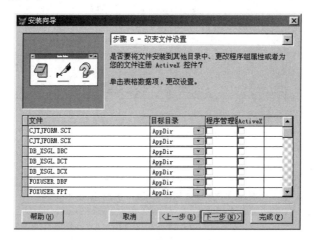

图 8-40

（7）改变文件设置

在安装向导步骤 6 中，可以将某个文件指定到其他安装目录，或者为文件注册 ActiveX 控件。

取默认设置，单击"下一步"按钮，进入安装向导"步骤 7-完成"对话框，如图 8-41 所示。

（8）完成安装向导过程

在安装向导步骤 7 中，单击"完成"按钮，系统自动创建应用程序的安装程序，同时显示"安装向导"的进展情况。系统处理完毕后，将为用户提供一个报告。

（9）安装已发布的应用程序

回到 Windows 桌面，双击"我的电脑"，定位到 D 盘下的 WebSetup 目录，其中的 Setup.

图 8-41

exe 文件就是"安装向导"生成的一个可执行的安装文件。双击运行,按照提示一步一步操作即可完成班级管理系统的安装。

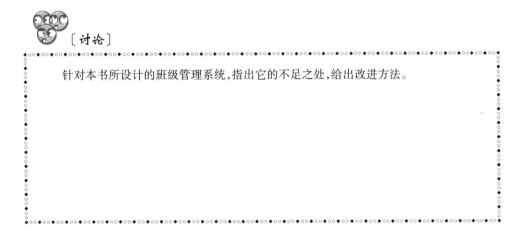

〔讨论〕

针对本书所设计的班级管理系统,指出它的不足之处,给出改进方法。

练习与思考

1.在"连编选项"对话框中,选择了"连编应用程序"单选项,则编译后的输出文件的扩展名为_____,该输出文件可在 VFP 中利用_____命令来执行;若选择了"连编成可执行文件"单选项,编译后的输出文件扩展名为_____。

2.连编可以生成多种类型的文件,但是不能生成(　　)。

　　A..prg 文件　　　　　　　　B..app 文件

　　C..dll 文件　　　　　　　　D..exe 文件

3.要连编程序,必须通过(　　)来实现。

　　A.程序编辑器　　　　　　　B.项目管理器

　　C.应用程序生成器　　　　　D.数据库设计器

4.上机实现

将任务二中的 NoteForm 表单连编成可执行文件,反复调试各项功能,最后发布成应用程序。

附录 *Fulu*

附录 A　VFP 常用函数

注:ExpN 代表数值表达式,ExpC 代表字符表达式,ExpD 代表日期或日期时间表达式。

1.数值函数表

函数名	功能简述
Abs(<ExpN>)	返回指定数值表达式的绝对值
Acos(<ExpN>)	返回指定数值表达式的反余弦弧度值
Asin(<ExpN>)	返回指定数值表达式的反正弦弧度值
Atan(<ExpN>)	返回指定数值表达式的反正切弧度值
Between (< ExpN1 >, < ExpN2 >, <ExpN3>)	判断<数值表达式 1>的值是否在另外两个相同数据类型的表达的值之间
Cos(<ExpN>)	返回数值表达式的余弦值
Dtor(<ExpN>)	将度转换为弧度
Exp(<ExpN>)	返回 e^x 的值,其中 x 是给定的数值型表达式
Int(<ExpN>)	返回数据表达式的整数部分,不四舍五入
Log(<ExpN>)	返回给定数值表达式的自然对数(底数为 e)
Max(<ExpN1>,<ExpN2>)	对给定的 2 个数值表达式的值进行比较,返回其中最大的值
Min(<ExpN1>,<ExpN2>)	对给定的 2 个数值表达式的值进行比较,返回其中最小的值
Mod(<ExpN1>,<ExpN2>)	返回数值表达式 1 除以数值表达式 2 得到的余数
Rand( )	返回介于 0~1 的随机数
Round(<ExpN1>,<ExpN2>)	按数值表达式 2 所指定的位数对数值表达式 1 的值进行四舍五入处理
Rtod(<ExpN>)	将数值表达式给定的弧度转化为度
Sign(<ExpN>)	当指定数值表达式的值为正、负或零时,分别返回 1、-1 或 0
Sin(<ExpN>)	返回一个角度的正弦值
Sqrt(<ExpN>)	返回数值表达式的算术平方根,表达式的值必须大于或等于 0
Tan(<ExpN>)	返回数值表达式指定角度的正切值
Val(<ExpC>)	将字符串转换成数值,当遇到非数字字符时,转换终止

2.字符函数表

函数名	功能简述
Alltrim(<ExpC>)	删除指定字符表达式的前导和尾部空格
Asc(<ExpC>)	返回字符表达式中最左边字符的 ASCII 值

函数名	功能简述
At(<ExpC1>,<ExpC2>,N)	查找字符表达式 1 在字符表达式 2 中第 N 次出现的起始位置
Chr(<ExpN>)	将指定的数值表达式转换成相应的字符
Chrtran(< ExpC1 >, < ExpC2 >, <ExpC3>)	在字符表达式 1 中,把与字符表达式 2 相匹配的字符替换为字符表达式 3 中相应的字符
Dtoc(<ExpD>)	将指定的日期表达式转换为"MM/DD/YY"格式的字符
Isalpha(<ExpC>)	判断字符表达式的最左边一个字符是否为字母
Isdigit(<ExpC>)	判断字符表达式的最左边一个字符是否为数字(0~9)
Islower(<ExpC>)	判断字符表达式的最左边一个字符是否为小写字母
Left(<ExpC>,N)	从字符表达式的左端第一个字符开始返回指定数目为 N 个的字符串
Len(<ExpC>)	返回给定的字符表达式的长度
Like(<ExpC1>,<ExpC2>)	确定字符表达式 1 是否与字符表达式 2 相匹配
Lower(<ExpC>)	将指定字符表达式中的所有字符转换为小写字符
Ltrim(<ExpC>)	删除指定字符表达式的前导空格
Occurs(<ExpC1>,<ExpC2>)	返回字符表达式 1 在字符表达式 2 中出现的次数
Rat(<ExpC1>,<ExpC2>)	返回字符表达式 1 在字符表达式 2 中第 1 次出现的位置,从最右边的字符开始计算
Ratline(<ExpC1><ExpC2>)	返回字符表达式 1 在字符表达式 2 中第 1 次出现的行号,从最后一行开始计算
Replicate(<ExpC>,ExpN)	返回一个字符串,这个字符串是将指定 ExpC 重复 N 次后得到的
Right(<ExpC>,N)	从指定字符表达式的右端第一个字符开始向左截取 N 个字符
Rtrim(<ExpC>)	删除字符串尾部空格
Space(<ExpN>)	产生指定数值表达式个空格
Str(<ExpN>,M,N)	将数值转换成字符串,宽度由 M 决定,小数位由 N 决定
Substr(<ExpC>,M,N))	从 M 位置开始,在指定的字符表达式中截取 N 个字符
Trim(<ExpC>)	删除字符串尾部空格
Type(<ExpC>)	计算指定的字符表达式,并返回其内容的数据类型
Upper(<ExpC>)	将指定字符表达式中的所有小写字母转换为大写字母

3.日期时间函数表

函数名	功能简述
Cdow(<ExpD>)	从给定日期或日期时间表达式中返回星期值
Cmonth(<ExpD>)	从给定日期或日期时间表达式中返回月份名称
Ctod(<ExpC>)	将具有日期格式的字符串转换为日期型数据

函数名	功能简述
Date( )	以当前设定的日期格式返回系统的当前日期(日期型)
DateTime( )	以日期时间值返回当前的日期和时间
Day(<ExpD>)	根据给定的日期返回是该月的第几天(数值型)
Dmy(<ExpD>)	根据给定的日期型或日期时间型表达式返回一个"日-月-年"格式的字符表达式
Dow(<ExpD>)	根据给定的日期返回星期几的数值(数值型)
Dtos(<ExpD>)	将指定的日期时间表达式转换为"YYYYMMDD"格式的字符串
Dtot(<ExpD>)	从日期型表达式返回日期时间型值
Fdate(<ExpC>)	返回文件最近一次修改的日期
Ftime(<ExpC>)	返回文件最近一次修改的时间
Gomonth(<ExpD>,N)	对于给定的日期表达式或日期时间表达式,返回指定月份数 N 以前或以后的日期
Hour(<ExpD>)	返回日期时间表达式的小时部分
Minute(<ExpD>)	返回日期时间表达式的分钟部分
Month(<ExpD>)	根据给定的日期返回其月份(数值型)
Sec(<ExpD>)	返回日期时间表达式的秒钟部分
Seconds( )	以秒为单位返回自午夜以来经过的时间
Time( )	以 HH:MM:SS 字符格式返回系统的当前时间(字符型)
Ttoc(<ExpD>)	从日期时间表达式中返回一字符值
Ttod(<ExpD>)	从日期时间表达式中返回一日期值
Week(ExpD>)	从日期或日期时间表达式中返回代表一年中第几周的数值
Year(ExpD>)	根据给定的日期返回其年份(数值型)

4.数据库和表函数

函数名	功能简述
Bof(<ExpN>)	测试由数值表达式指定的工作区中记录指针是否指向文件头
Dbc( )	返回当前数据库的名称和路径
Dbf(<ExpN>)	返回由数值表达式指定的工作区中打开的表名,或根据表别名返回表名
Deleted(<ExpN>)	测试由数值表达式指定的工作区中当前记录是否作了删除标记
Fcount(<ExpN>)	返回由数值表达式指定的工作区中表的字段的数目
Fsize(<ExpC>)	以字节为单位,返回指定字段或文件的大小
Eof(<ExpN>)	测试由数值表达式指定的工作区中记录指针是否指向文件尾

函数名	功能简述
Memlines(备注字段名)	返回备注字段中的行数
Mline(备注字段名,N)	以字符串形式返回指定的备注字段的第 N 行
Reccount(<ExpN>)	测试由数值表达式指定的工作区中数据表的记录总数
Recno(<ExpN>)	测试由数值表达式指定的工作区中当前记录指针所指记录的记录号
Recsize(<ExpN>)	返回由数值表达式指定的工作区中表记录的大小
Seek(<索引关键字值>)	在一个已建立索引的表中搜索索引关键字值第一次出现位置

附录 B　VFP 常用属性、事件和方法

1.常用属性

（1）布局属性

属　性	说　明
Alignment	指定控件中显示文本的对齐方式
AlwaysOnTop	设置当多个表单重叠时,是否始终位于最顶端
AutoCenter	设置表单每次运行时,是否在 VFP 主窗口中居中
AutoSize	指定控件是否依据其内容自动调节大小
Desktop	设置表单是否可以移动到 VFP 主窗口之外
Height	指定对象的高度
Left	指定对象距离所在窗口左边界的距离
Movable	设置表单能否被移动
ShowWindows	设置表单的显示方式
Stretch	设置图像控件尺寸的调整方式
Top	指定对象距离所在窗口上边界的距离
Width	指定对象的宽度
WindowState	设置表单每次运行时的初始状态

（2）修饰属性

属　性	说　明
BackColor	指定对象内文本或图形的背景色

续表

属　性	说　明
BackStyle	指定一个对象的背景是否透明
BorderStyle	设置对象的边框样式
Caption	指定对象标题文本
Closable	设置是否显示表单的关闭按钮
ControlBox	设置是否显示表单的控制菜单
Curvature	指定形状控件的弯角曲率
FillStyle	设置形状控件是透明的,还是指定的某个填充方案
FontName	设置显示文本的字体类型
FontSize	设置显示文本的字体大小
FontBold	设置显示文本是否为粗体
ForeColor	指定对象内文本或图形的前景色
Icon	设置显示在表单上的代表图标
MaxButton	设置是否显示表单的最大化按钮
MinButton	设置是否显示表单的最小化按钮
Picture	指定在控件中显示的图片文件
ScrollBars	设置编辑框控件是否具有滚动条或表格控件滚动条的显示方式
TitleBar	设置是否显示表单的标题栏

（3）状态属性

属　性	说　明
Cancel	设置命令按钮是否为表单的取消命令按钮
Default	设置命令按钮是否为表单的默认命令按钮
Enabled	指定对象能否响应由用户引发的事件
IMEMode	设置中文输入法的状态
Interval	设置时钟控件两个计时器事件之间间隔的毫秒数
ReadOnly	指定用户能否编辑控件中的显示内容
ShowTips	设置表单对象或表单上的控件是否显示工具提示
Value	指定控件的当前状态
Visible	指定对象是可见还是隐藏

（4）数据属性

属　　性	说　　明
ButtonCount	指定命令按钮组或选项组中的按钮数
Buttons	访问一个控件组中每个按钮的数组
ColumnCount	指定表格、组合框或列表框控件中列对象的数目
Columnlines	当控件以多列显示时，设置各列是否有分隔线
ColumnWidth	当控件以多列显示时，设置各列的显示宽度
ControlSource	指定与对象绑定的数据源
Forms	访问表单集中单个表单对象的数组
Increment	设置用户每次单击向上或向下按钮时，微调控件增加或减少的值
List	访问列表框控件中列表项的数组
ListCount	返回列表框中列表项的数目，该属性只读
ListIndex	设置或返回列表框中当前被选中的列表项的顺序号
Name	指定在代码中被引用对象的名称
PageCount	指定一个页框控件中的页面数
Pages	访问页框控件中各个页面的数组
RecordSource	指定与表格控件相绑定的数据源
RecordSourceType	指定表格控件中数据源的类型
RowSource	指定列表框或组合框控件中数据项的来源
RowSourceType	指定列表框或组合框控件中数据源的类型
SpinnerHighValue	指定单击上箭头时，微调控件所允许的最大值
SpinnerLowValue	指定单击下箭头时，微调控件所允许的最小值
Value	用于设置或返回控件的显示内容

（5）格式属性

属　　性	说　　明
Century	设置年份是采用4位还是2位显示
DateFormat	设置日期的显示格式
DateMark	设置年月日的分隔符号
Format	指定某个控件的 Value 属性的输入和输出格式
InputMask	指定每个字符输入时必须遵守的格式规则
PasswordChar	设置在文本框中输入密码时的替代显示字符
StrictDateEntry	设置日期格式的检查方式
Style	设置组合框的样式
WordWrap	设置控件中的显示文本能否换行

2.常用事件

事件	说明
Activate	当激活表单、表单集或页对象时,或者显示工具栏对象时,将发生 Activate 事件
AfterCloseTables	在表单、表单集或报表数据环境中,释放指定表或视图后,将发生此事件
BeforeOpenTables	仅发生在与表单集、表单或报表的数据环境相关联的表和视图打开之前
Click	用鼠标单击对象时发生
Change	控件内容发生改变时发生
Destroy	释放一个对象时发生
GotFocus	单击或按 Tab 键使控件获得焦点时发生
Init	创建一个对象时发生
InterActiveChange	在用键盘或鼠标更改控件值时,发生此事件
KeyPress	键盘按键时发生
Load	表单或表单集被加载到内存中时发生
LostFocus	单击或按 Tab 键使控件失去焦点时发生
Timer	当时钟控件经过 Interval 属性中指定的毫秒数时,发生此事件
Unload	表单或表单集从内存中释放时发生
Valid	在控件失去焦点之前发生
When	在控件接收焦点之前发生

3.常用方法

方法	说明
AddItem	在组合框或列表框中添加一个新数据项,并且可以指定数据项索引
Clear	清除组合框或列表框控件的全部内容
CloseTables	关闭与数据环境相关的表和视图
Hide	隐藏表单,但仍在内存中
Refresh	刷新表单及各控件对象的值
Release	从内存中释放表单
Remove	将指定对象移动到一个新位置
RemoveItem	从组合框或列表框中移去一项
Requery	重新查询列表框或组合框控件中所基于行源(RowSource)
SetAll	将某种类型控件的某个属性设置为统一值
SetFocus	为一个控件指定焦点
Show	显示表单,并且确定是模式表单还是无模式表单

附录 C　VFP 常用命令

命令格式	功能简述
? |?? <表达式列表>	在下一行或当前行显示表达式的值
@ <坐标>［Say<表达式>［Picture<格式描述>］］［Get<变量>］［Picture<格式描述>］］［Range<表达式 1,表达式 2>］［Clear］	按指定的格式输入输出数据
Accept［<提示信息>］To <内存变量>	从键盘接收字符串存到内存变量中
Append［Blank］	在数据表的末尾追加记录
Append From <文件名>［Fields <字段名表>］［For/While <条件>］［Type <文件类型>］	从其他文件向当前数据表追加记录
Average［<表达式表>］［<范围>］［For/While <条件>］［To <内存变量表>］	求算术平均值
Browse［<字段名表>］［Lock <表达式>］［Freeze <字段名>］［NoFollow］［Nomenu］［NoAppend］	打开浏览窗口
Cancel	终止程序执行,返回圆点提示符
Change［<范围>］［Fields <字段名表>］［For/While <条件>］	打开编辑窗口
Clear	清除整个屏幕
Clear All	关闭所有文件,释放所有内存变量
Clear Memory	释放当前内存变量
Close［Database|Index|Procdure］	关闭指定类型文件
Continue	将记录指针定位于满足 Locate 命令中指定条件的下一条记录
Copy File <文件名> To <文件名>	复制任意类型的文件
Copy To <文件名>［<范围>］［<Fields <字段名表>］［For|While <条件>］［Sdf|Delimited［［With Blank|Tab|<定界符>］］	复制数据表中记录内容
Copy Structure To <文件名>［Fields <字段名表>］	将打开表的结构复制到新文件
Copy To <文件名>［<范围>］［Fields <字段名表>］［For/While <条件>］	复制当前数据表
Count［<范围>］［For/While <条件>］［To <内存变量>］	求数据表中满足条件的记录数
Create［<文件名>］	定义新数据表文件的结构
Create Report <文件名>	建立报表格式文件
Delete［<范围>］［For/While <条件>］	对指定的记录做删除标记

命令格式	功能简述
Delete File <文件名>	删除当前目录中任意类型文件
Dimension <内存变量>(数值表达式 1,数值表达式 2)[,<内存变量>(数值表达式 1,数值表达式 2)...]	建立一维或二维数组
Dir [<驱动器>][<路径>][<通配符>][To Print]	显示文件目录
Display [<范围>][Fields <字段名表>][For/While <条件>][Off|To Print]	显示记录和字段
Display Memory	显示当前内存变量
Display Status [To Print]	显示系统状态和系统参数
Display Structure	显示数据表结构信息
Do <.Prg 程序文件|过程名>[With <参数表>]	执行程序
Do While <条件>...[Loop]...[Exit]...EndDo	循环命令
Do Case... Case...[OtherWise]... EndCase	多分支情况
Edit [<范围>][Fields <字段名表>][For/While <条件>]	修改数据表中记录
Eject	打印机换页
Exit	退出循环
Find <字符串>	将记录指针定位于其索引关键字与指定串相匹配的第一条记录
Go/Goto Bottom|Top|<表达式>	将记录指针移到指定的记录
Help [<关键字>]	提供帮助
If <条件> <语句> [Else <语句>] EndIf	条件执行语句
Index On <关键字表达式> to <单索引文件>	按指定关键字生成单索引文件
Input [<提示信息>] To <内存变量>	接收表达式值到内存变量中
Insert [Blank] [Before]	在指定的记录位置插入新记录
Join With <别名> to <文件名> [For/While <条件>] [Fields <字段名表>]	数据表的横向连接
Label Form <文件名> [<范围>] [For/While <条件>] [To Print] [To File<文件名>]	使用指定的标签格式打印标签
List [<范围>] [Fields <字段名表>] [For/While <条件>] [Off] [To Print]	显示当前数据表的记录内容
List Memory [To Print]	显示内存变量
List Status	显示系统状态和系统参数
List Structure	显示当前数据表的结构
Locate [<范围>][For/While <条件>]... [Continue]	将记录指针定位到满足条件的第一条记录

命令格式	功能简述
Loop	结束本次循环,继续下次循环
Modify Command［<文件名>］	创建或编辑程序文件
Modify Label <标签文件名>	修改标签文件
Modify Report <报表格式文件名>	修改报表格式文件
Modify Structure	修改当前数据表的结构
Note/＊/&&［注释］	在命令文件中增加注释
Pack	永久性删除带删除标记的记录
Parameters <参数表>	说明参数表
Private［<内存变量表>］	在高层程序中隐藏内存变量
Procedure <过程名>	标识过程文件中每个过程的开始
Public <内存变量表>	将内存变量说明为全局变量
Quit	关闭所有文件并退出 VFP 系统
Read	将数据读入 Get 变量
Recall［<范围>］［For/While <条件>］	恢复带有删除标记的记录
Reindex	更新当前所有的索引文件
Release <内存变量表>［All/［Like/Except <通配符>］］	清除指定的内存变量
Rename <旧文件名> To <新文件>	更改文件名
Replace［<范围>］<字段> With <表达式>［,<字段> With <表达式>…］［For/While <条件>］	用指定的值替换当前数据表文件中的字段内容
Report Form <报表格式文件>［<范围>］［For/While <条件>］［Plan］［Heading <字符串>］［No Eject］［To Print］［To File <文件名>］	输出报表
Return［To Master］	返回主程序
Run/！	执行 Dos 命令及外部程序
Save To <文件名>［All［Like/Except <通配符>］］	将指定的内存变量保存到文件中
Scatter［Fields <字段名表>］To <数组名>	将数据表的字段存入数组中
Seek <表达式>	搜索索引文件中和指定值相匹配的第一条记录
Select <工作区/别名/0>	选择工作区
Set	设置控制参数
Set AlterNate To［<文件名>］	设置文本输出文件名
Set AlterNate On/Off	发送/不发送到一个文件
Set Bell On/Off	设置铃响或不响

命令格式	功能简述
Set Carry On/Off	设置是否复制前一条记录
Set Century On/Off	设置日期数据是否显示世纪
Set Clear On/Off	设置是否允许清屏
Set Clock On/Off/Status/[x,y]	设置系统时钟显示格式
Set Color To [<标准>][,<增强>][,<边界>]	设置屏幕颜色显示属性
Set Confirm On/Off	在全屏下光标能否自动跳到下一字段
Set Date American/Ansi/Ymd/Short/Long	设置日期显示格式
Set Decimals To <数值表达式>	设置显示的小数位数
Set Default To [<路径>]	设置默认路径
Set Deleted On/Off	设置删除标记是否有效
Set Device To Screen/Print	设置输出结果送往屏幕或打印机
Set Echo On/Off	设置是否显示所执行的命令
Set Escape On/Off	设置按 Esc 键是否终止命令文件的执行
Set Exact On/Off	设置字符串比较中是否精确匹配
Set Filter To <条件>	筛选掉所有与指定条件不符合的记录
Set Fixed On/Off	设置是否固定显示数值的小数位
Set Function <功能键号> To <字符串>	设置功能键的值
Set Format To <格式文件名>	打开格式文件
Set Help On/Off	设置出错时是否给出帮助信息
Set Index To <索引文件名表>	打开指定的索引文件
Set Order To [<数值表达式>]	确定主控索引
Set Path To <路径名>	指定文件查找路径
Set Print On/Off	设置输出是否送打印机
Set Procedure To [<文件名>]	打开过程文件
Set Relation To [<关键表达式>/<数值表达式>] Into <别名> [Additive]	建立两数据表间的临时关系
Set Safety On/Off	设置是否有文件重写保护
Set Status On/Off	设置是否显示状态行
Set Step On/Off	设置每条命令执行后是否暂停
Set Talk On/Off	设置是否将命令结果送屏幕

命令格式	功能简述
Set Unique On/Off	设置索引文件中是否出现全部相同关键字
Skip <数值表达式>	移动记录指针
Sort To <文件名> On <字段> [/A] [/D] [,<字段> [/A] [/D]…] [For/While <条件>] [<范围>]	对当前数据表排序生成一个新表
Store <表达式> To <变量名列表>	将表达式的值赋给内存变量
Sum [<范围>] [For/While <条件>] To <内存变量>	对数值型字段求和
Total On <关键字> To <表名> [<范围>] [For/While<条件>] [Fields <字段名表>]	生成分类汇总数据表
Type <文本文件名> [To Print]	输出文本文件内容
Update <表名> Set <字段名>=<表达式> [,<字段名 2>=<表达式 2>…]	批量更新数据表字段值
Use [<表名>] [Index <索引文件名表>] [Alias <别名>] [Exclusive]	打开数据表及相应的索引文件
Wait [<提示>] [To <内存变量>]	暂停程序运行,等待按键
Zap	物理删除当前数据表的所有记录

附录 D　VFP 系统技术指标

分　类	功　　能	数　目
表及索引文件	每个表中可存储记录的最大数	10 亿
	表文件大小的最大值	2 GB
	每个记录中字符的最大数目	65 500
	每个记录中字段的最大数目	255
	一次同时打开表的最大数目	255
	每个表字段中字符数的最大值	254
	非压缩索引中每个索引关键字的最大字节数	100
	压缩索引中每个关键字的最大字节数	240
	每个表打开的索引文件数	没有限制
	所有工作区中可以打开的索引文件数的最大值	没有限制
	关系数的最大值	没有限制
	关系表达式的最大长度	没有限制

分 类	功 能	数 目
字段特征	字符字段宽度的最大值	254
	数值型（及浮点型）字段宽度最大值	20
	自由表中各字段名的最大字符数	10
	数据库表中各字段名的最大字符数	128
	整数的最小值	−2 147 483 647
	整数的最大值	2 147 483 647
	数值计算中精确值的位数	16
内存变量与数组	默认的内存变量数目	1 024
	内存变量的最大数目	65 000
	数组的最大数目	65 000
	每个数组中元素的最大数目	65 000
程序与过程文件	源程序文件中行的最大数目	没有限制
	编译后的程序模块大小的最大值	64 KB
	每个文件中过程的最大数目	没有限制
	嵌套的 Do 调用的最大数目	128
	嵌套的 Read 层次的最大数目	5
	嵌套的结构化程序设计命令的最大数目	384
	传递参数的最大数目	27
	事务处理的最大数目	5
报表设计器的指标	报表定义中对象数的最大值	没有限制
	报表定义的最大长度	20 in *
	分组的最大层次数	128
其他指标	打开的窗口的最大数目	没有限制
	打开的浏览窗口的最大数目	255
	每个字符串中字符数的最大值	2 GB
	每个命令行中字符数的最大值	8 192
	报表的每个标签控件中字符数的最大值	252
	每个宏替换中字符数的最大值	8 192
	打开文件的最大数目	操作系统限制
	键盘宏中键击数的最大值	1 024
	SQL Select 语句可以选择的字段数的最大值	255

附录 E   VFP 常用文件种类

文件扩展名	中文注释	文件扩展名	中文注释
.act	应用程序文件	.lbx	标签文件

---

* 1 in＝2.54 cm。

文件扩展名	中文注释	文件扩展名	中文注释
.app	应用程序文件	.lst	列表文件
.bmp	图片文件	.men	内存变量存储文件
.cdx	复合索引文件	.mnt	菜单备注文件
.dbc	数据库文件	.mnx	菜单文件
.dbf	数据表格文件	.mpr	菜单程序文件
.dct	数据库备注文件	.mpx	已编译的菜单程序文件
.dcx	数据库索引文件	.ocx	OLE 控件文件
.dll	Windows 动态链接库文件	.pjt	项目备注文件
.exe	可执行文件	.pjx	项目文件
.fky	宏文件	.prg	程序文件
.fll	动态链接库文件	.qpr	查询程序文件
.fpt	数据备注文件	.qpx	已编译的查询程序文件
.frt	报表备注文件	.sct	表单备注文件
.frx	报表文件	.scx	表单文件
.fxp	已编译的程序文件	.tbk	数据备注文件的备份
.hlp	图形式辅助文件	.txt	文本文件
.ico	图标文件	.vct	可视类库备注文件
.idx	索引文件	.vcx	可视类库文件
.lbt	标签备注文件